内蒙古中东部

地下水灌区灌溉水利用效率测试分析与评估

段利民　刘廷玺　罗艳云 等 著

中国水利水电出版社
www.waterpub.com.cn
· 北京 ·

内 容 提 要

本书以位于内蒙古自治区中东部的通辽市、赤峰市、乌兰察布市、扎兰屯市和锡林浩特市的典型地下水灌区为研究对象。全书共分为8章，主要内容包括绪论，研究区概况，灌溉水利用效率测试布置原则与测定方法，灌溉水利用效率分析计算方法，样点灌区作物蒸发蒸腾量与有效降水量模拟计算，灌溉水利用效率计算分析与评估，内蒙古地下水灌区灌溉水利用效率推算，结语。

本书可供农业水利工程、水文与水资源工程等相关专业的研究生、本科生及从事相应专业的科研、教学和工程技术人员参考。

图书在版编目（CIP）数据

内蒙古中东部地下水灌区灌溉水利用效率测试分析与评估 / 段利民等著. -- 北京 : 中国水利水电出版社, 2023.9

ISBN 978-7-5226-1846-3

Ⅰ. ①内… Ⅱ. ①段… Ⅲ. ①地下水－灌溉水－水资源利用－效率－研究－内蒙古 Ⅳ. ①S274.3

中国国家版本馆CIP数据核字(2023)第193765号

书　　名	**内蒙古中东部地下水灌区灌溉水利用效率测试分析与评估** NEIMENGGU ZHONG-DONGBU DIXIASHUI GUANQU GUANGAISHUI LIYONG XIAOLÜ CESHI FENXI YU PINGGU
作　　者	段利民　刘廷玺　罗艳云　等 著
出版发行	中国水利水电出版社 （北京市海淀区玉渊潭南路1号D座　100038） 网址：www.waterpub.com.cn E-mail：sales@mwr.gov.cn 电话：（010）68545888（营销中心）
经　　售	北京科水图书销售有限公司 电话：（010）68545874、63202643 全国各地新华书店和相关出版物销售网点
排　　版	中国水利水电出版社微机排版中心
印　　刷	北京中献拓方科技发展有限公司
规　　格	184mm×260mm　16开本　8.5印张　207千字
版　　次	2023年9月第1版　2023年9月第1次印刷
印　　数	001—200册
定　　价	**52.00**元

凡购买我社图书，如有缺页、倒页、脱页的，本社营销中心负责调换

版权所有·侵权必究

《内蒙古中东部地下水灌区灌溉水利用效率测试分析与评估》编委会

主　编：段利民　刘廷玺　罗艳云

副主编：屈忠义　朱仲元　魏占民

统　稿：段利民　刘廷玺　罗艳云　屈忠义

前 言

水是生命之源、生产之要、生态之基。党的十八大以来，习近平总书记围绕系统治水做出一系列重要论述和重大部署，科学指引水利建设，开创了治水兴水新局面。内蒙古自治区（以下简称内蒙古）地域狭长，水资源时空分布不均，灌溉是内蒙古发展农业生产和保障粮食安全不可替代的基础条件和重要支柱。2011年中央一号文件《中共中央　国务院关于加快水利改革发展的决定》（中发〔2011〕1号）明确提出："到2020年，最严格水资源管理制度基本建立，全国用水总量力争控制在6700亿m^3，农田灌溉水有效利用系数提高到0.55以上。"当前内蒙古农田灌溉水有效利用系数低于0.5，提高灌溉水利用效率是内蒙古迫在眉睫需要解决的问题。

本书以内蒙古中东部的通辽市、赤峰市、乌兰察布市、扎兰屯市和锡林浩特市的典型地下水灌区为研究对象，在广泛收集、整合和分析各地区气象、水文、土壤、农业等基础资料的基础上，详细介绍了地下水灌溉效率测试田间布置与试验方法。于2013年和2014年开展了大量的灌溉效率测试试验，通过田间试验法与水量平衡法计算了样点灌区的灌溉水利用系数，进行了灌溉水利用效率评估。在此基础上，推算了灌区、地区和自治区三种尺度的地下水灌区灌溉水利用系数。研究结果表明：

(1) 通辽市、赤峰市、乌兰察布市、扎兰屯市、锡林浩特市样点灌区灌溉水利用系数分别为0.799～0.832、0.828～0.888、0.772～0.867、0.840和0.850，灌溉水利用系数在不同灌区间存在明显差异。上述区域的地区灌溉水利用系数从2005年的0.780、0.799、0.750、0.750和0.750分别提高到现状年的0.812、0.845、0.822、0.816和0.850。总体上看，2005年以来农田节水改造工程的有序实施，对于提高内蒙古中东部地下水灌区灌溉水利用效率发挥了重要作用。

(2) 2011—2015年，锡林郭勒盟和呼伦贝尔市地下水灌区灌溉水利用系数最高，为0.836～0.863；赤峰市、乌兰察布市、通辽市、乌海市和阿拉善盟处于中游水平，为0.763～0.838；鄂尔多斯市、呼和浩特市、兴安盟、包头市和巴彦淖尔市处于下游水平，为0.764～0.798；全区一半盟市的地下水灌区灌溉水利用效率并没有得到实质性提高，这除了与节水灌溉面积的占比有关外，更重要的是部分区域节水效果并不显著。

(3) 2011—2015年内蒙古各盟市地下水灌区灌溉效率均有不同程度的提升，年均提高率为4.2%～11.6%。相比而言，提升幅度最低的是通辽市，为4.2%；最高的是阿拉善盟，为11.6%。从全区来看，地下水灌溉效率由2011年的0.778提升至2015年的0.824，年均增长率为4.6%，整体而言，节水灌溉工程取得一定效果。

研究成果不仅可为内蒙古最严格水资源管理制度中"效率红线"的动态管理提供决策依据，也可为节水灌溉工程建设规划、水权转换工程等提供技术支撑。

全书共8章。第1章、第2章、第3章、第4章、第5章和第8章由罗艳云撰写，第6章和第7章由段利民撰写。后进行了若干轮的修订和统稿。黄永江、郑永朋、李玮、许浩、段瑞鲁、邹璐、魏子涵、李泽鸣、梁天雨、张健、张凯、孙文、陈宏亮、赵宏瑾、焦玮、王辉、席小康、董志兵等也参加了野外试验与室内分析工作。全书由段利民、刘廷玺、罗艳云、屈忠义负责统稿。

本书由内蒙古自治区典型灌区灌溉水利用效率测试分析与评估项目(2012)、教育部创新团队发展计划（IRT_17R60)、科技部重点领域创新团队(2015RA4013)、内蒙古杰出青年科学基金（2020JQ06)、内蒙古农业大学基本科研业务费专项（BR221012）联合资助。

由于作者水平有限，撰写时间仓促，书中难免会存在疏漏及不成熟之处，敬请读者批评指正，提出宝贵意见。

作者

2023年8月

于内蒙古农业大学

目　录

第1章 绪　论

1.1 研究背景及意义

1.1.1 研究背景

水是维持地球生态平衡最基本的要素，水资源是保障一个国家、一个地区经济发展与社会稳定的基础性资源。随着我国经济社会的不断发展，水资源紧缺问题日益突出，水资源的合理开发与高效利用变得尤为重要。我国是农业大国，农业灌溉用水占同期国内用水总量的60%～70%。目前，我国灌区灌溉水利用系数仅为0.45左右，与发达国家相比还有一定差距。因此，加大农业节水，从工程、农业、农艺、灌溉技术和用水管理等方面充分挖掘农业节水潜力，提高灌溉用水效率，是我国农业高质量发展的必由之路。

2005年底，水利部正式启动了全国现状灌溉用水利用效率测算分析工作，旨在摸清我国现状条件下灌溉水利用状况，分析灌溉水利用系数的各种影响因素及其影响程度；总结提出科学合理的灌区、各省（自治区、直辖市）、分区及全国灌溉水利用系数测算评价方法；建立全国测算分析网络，跟踪分析全国及不同分区重要年份灌溉水利用系数变化；预测未来灌溉用水效率变化趋势，探讨分析全国、分区、省（自治区、直辖市）灌溉用水效率的提高潜力与合理的灌溉用水效率阈值，提出全国和分区灌溉用水效率提高的措施与建议，以便支撑政府主管部门对水资源开发利用、灌区灌溉管理和灌区节水改造等进行科学决策。

实施农业节水，提高农业灌溉水分利用效率，受到国家和地方人民政府及相关部门的高度重视。根据国务院《关于实行最严格水资源管理制度的意见》（国发〔2012〕3号），国家施行最严格的水资源管理制度，将灌溉水有效利用系数列为最严格水资源管理制度中“三条红线”的控制指标之一，明确提出到2015年全国农田灌溉水有效利用系数提高到0.53以上，到2020年提高到0.55以上。国务院办公厅《关于印发实行最严格水资源管理制度考核办法的通知》（国办发〔2013〕2号）指出，国家对各省（自治区、直辖市）灌溉水有效利用系数指标进行考核评价，考核结果作为对各省（自治区、直辖市）人民政府主要负责人和领导班子综合考核评价的重要依据。

内蒙古自治区（以下简称内蒙古）横贯我国东北、华北与西北，深居内陆，远离水汽源地，除东部小部分地区属半湿润地区外，大部分地区属于干旱半干旱地区。由于内蒙古气候干燥、降水量少、蒸发强烈，加之水资源短缺、生态环境脆弱，农业生产完全依赖于灌溉。随着我国改革开放的深入发展和西部大开发战略的实施，内蒙古的社会经济发展步入了快车道，工业化、城镇化、人口聚集加速推进，工业、城市和生活用水与农业用水的竞争十分激烈。在灌溉用水短缺的严峻形势下，灌区灌溉工程不够完善、灌溉管理粗放、灌溉水损失严重，农业用水效率明显低于全国平均水平。为了充分挖掘灌区节水潜力，加大灌区农业节水力度，提高灌溉水资源综合利用效率与效益，灌区灌溉水利用效率测试分析与评估是内蒙古水利发展亟待开展的工作，受到自治区党委与政府及水利部门的高度重视。

1.1.2 研究意义

灌溉水利用效率是灌区从水源取水经渠（管）道输水到田间作物吸收利用过程中灌溉水利用程度或浪费程度的度量，可反映灌区灌溉工程状况、灌溉技术水平、用水管理水平和农艺技术水平，表达节水措施实施效果，揭示灌区节水潜力，是对灌区进行纵向和横向科学评价的一项指标。内蒙古中东部地下水灌区灌溉农业在自治区国民经济中占有重要地位，面对水资源短缺，工业、城市用水量急剧增加，如何提高中东部地下水灌区的灌溉水利用效率，充分挖掘农业节水潜力，以化解农业用水与其他行业用水的尖锐矛盾，实现有限水资源合理配置和高效利用，是自治区人民政府及相关部门高度关注的问题。2011 年我国将农业灌溉水利用效率列为实施最严格水资源管理制度“三条红线”之一，并纳入国家对各省（自治区、直辖市）人民政府主要负责人和领导班子综合考核评价指标体系。因此，灌区灌溉水利用效率管控已成为自治区人民政府落实最严格水资源管理制度的一项重要工作。在此之前，内蒙古没有全面系统地开展过灌区灌溉水利用效率测试分析工作，加之近年来中东部地区地下水灌区实施节水改造工程建设，工程设施和灌溉管理水平发生了明显改观，灌区现有灌溉水利用效率指标已无法满足现实需要。因此，开展内蒙古中东部地下水灌区灌溉水利用效率测试分析与评估，摸清灌区灌溉水利用效率现状，跟踪灌区灌溉水利用效率动态，对于提高灌区建设水平和管理水平，加强农业节水工作指导，加快建设节水型社会，落实“三条红线”考核指标等方面具有重大现实意义。

“粮食危机”是人类面临的三大危机之一，我国“粮食安全”问题形势依然严峻。“粮食安全”关系到社会稳定与发展，除耕地资源外，水资源也是决定粮食生产能力的另一重要因素。内蒙古是我国六大粮食输出区域之一，中东部地区占据了重要地位。我国玉米黄金带就位于内蒙古东部的通辽市，同时内蒙古中东部地区也是牧区草原禁牧、休牧和牲畜越冬的饲草料基地。随着区域社会经济快速发展，各行业用水竞争日益加剧，由于农业用水经济效益偏低，在竞争中处于劣势，加之脆弱生态环境保育和修复中的生态用水硬性要求，使得农业灌溉用水不可避免地被大量挤占。由此可见，提高农业灌溉水利用效率和粮食生产能力、坚持节水灌溉农业的发展方向是灌区的必然选择。开展内蒙古中东部地下水灌区灌溉水利用效率测试分析与评估，可为灌区灌溉水量与节水潜力的合理确定以及区域粮食安全提供基础支撑。

1.2 国内外研究进展

1.2.1 国外研究进展

灌溉水利用效率指标综合反映不同尺度灌溉工程状况、用水管理水平和灌溉技术水平等，是正确评估灌溉水有效利用程度以及评价节水灌溉发展成效的重要指标。1932 年，“灌溉效率”一词最先被 Isrelsen 提出，并以田间尺度对“灌溉效率”进行了早期的定义，即：在农作物的整个生育期内，被灌溉的农田或灌溉工程控制的范围内种植的农作所吸收并利用的灌溉水量与从入水口进入田间水量的比值（1932）。Bos 和 Nugteren（1974）系统性地对灌溉用水过程加以研究，并且出版了早期的经典著作 *Irrigation Efficiency*。国际灌排委员会 ICID 于 1977 年对灌溉效率术语进行正式定义，国际上通用的表述方式是用"效率"来反映灌溉水的有效利用程度（1979）。英国国际发展部门 DFID 利用灌溉效率以描述灌溉水利用效率，定义为作物根区有效水量和水源进入灌溉系统的总水量的比值（2004）。美国土木工程师协会 ASCE 将灌溉系统分为输水环节与田间用水环节，进而产生了输水效率和田间用水效率，即渠道水利用效率和田间水利用效率，则灌溉水利用效率可表述为渠道水利用效率与田间水利用效率的乘积（2011）。

国外灌溉水利用效率指标体系的内涵主要向两个方向发展：一个方向是针对"生产性消耗"与"非生产性消耗"以及"有益消耗"与"无益消耗"的界定；另一个方向则是广泛关注回归水的重复利用问题。Jensen（1977）指出传统灌溉效率概念在用于水资源开发管理时是不适用的，因为其忽视了灌溉回归水，从水资源管理的角度，进而提出了"净灌溉效率"的概念。Willardson 等（1994）建议采用"比例"的概念来代替田间灌溉效率指标，如消耗性使用比例指的是作物蒸发蒸腾量占田间灌溉水量的百分数。Keller 等（1995）提出"有效效率"指标，指的是作物蒸发蒸腾量同田间净灌溉水量之比，田间净灌溉水量为田间总灌水量减去可被重复利用的地表径流和深层渗漏，认为"有效效率"指标可用于任何尺度而不会导致概念的错误。Omezzine 和 Zaibet（1998）指出灌溉管理对于灌溉效率的提升体现在技术方面，而灌溉水的优化配置则更直接地体现在经济方面。Karagiannis 等（2003）通过超越对数随机前沿生产函数分析了希腊克里特地区灌溉水利用效率的影响因素。Salman（2004）指出农业用水量与水量增长弹性相关，当供水量降低 15%时，呈现非弹性相关，研究结果表明水资源价值被低估，政府可在保证产量的前提下，对地下水收取费用，进而提升农业灌溉用水效率。Singh 等（2006）应用 SWAP 模型模拟了农田水分的耗散以及不同作物的生长过程，并分析了水分生产率的影响因素。Lankford（2006）列出了影响传统灌溉效率的 13 个因素，包括水管理范围的尺度大小，设计、管理和评价的目的性不同，效率与时间尺度的关系，净需水量与可回收及不可回收损失的关联等，同时提出可获得效率的概念，即现有损失中有些是可以通过一定的技术措施予以减少的，比如渠道渗漏，而有些是难以减少的，比如渠道水面蒸发损失，因此，效率的提高只有通过减少可控的损失量来实现。Ramos 等（2006）在西班牙应用 SEBAL 模型和 Landsat - TM 影像在灌区尺度估算作物蒸散耗水量，进而确定该区域的水分利用效率，并评价作物灌溉管理制度。Hussain 等（2007）通过对大型灌区农业用水问题的分析，指出影响农业灌溉水利用效率的因素包括：地区资源因素、作物结构、技术因素、管理因素以及供水价格、水资源外部效应等其他方面因素。Perry（2007）建议采用水的消耗量、取用量、储存变化量以及消耗与非消耗比例为评价指标，并认为可保持与水资源管理的一致性。Speelman 等（2007）采用数据包络法计算了当地的灌溉水利用效率，指出耕地面积、灌溉方式、土地所有权及作物种植结构能够对灌溉水利用效率产生显著影响。Rodríguez - Díaz 等（2008）应用基准测试和多元数据分析技术对西班牙安达卢西亚的 9 个灌溉区进行聚类分析，发现农民单位水利用成本与灌溉水有效利用系数有明显关系。

Poussin 等（2008）在对旺地盆地灌溉用水量的预测研究中得出节水技术的普及能够节约灌溉水量和劳动力，进而提高灌溉水利用效率。Zarandi 等（2012）利用数据包络法对 14 个影响灌溉效率的因素进行分析，得出喷灌和井灌是提高灌溉效率的有效方法。Grashey - Jasen 等（2014）对土壤水分动态的研究结果进行总结，得出了精确灌溉和土壤特异性灌溉随着灌水量的减少使灌溉水有效利用系数提高的结论。Cengiz（2016）对土耳其 Büyük Menderes 盆地灌溉项目的灌溉水有效利用系数进行了研究，结果表明，该项目灌溉水有效利用系数受灌溉比、网络分布密度、平均农场规模、单位面积人员密度和单位面积设施密度等参数的影响较大。

1.2.2 国内研究进展

灌溉水利用系数是指灌入田间可被作物利用的水量与灌溉系统取用的灌溉总用水量的比值，与灌区自然条件、灌溉工程状况、用水管理、灌水技术等因素有关。20 世纪 50—60 年代，在参照苏联灌溉水利用系数指标体系的基础上，我国逐步形成了现行的灌溉水利用系数指标体系及计算方法，目前国内普遍应用灌溉水利用系数指标来评价灌溉水利用效率。

国外广泛使用的灌溉效率，目前在国内现有的权威出版物中并没有专门的定义和解释，其含义通常被认为与灌溉水利用系数相似。《农村水利技术术语》中明确了灌溉水利用系数的定义，即灌入田间可被作物利用的水量与从水源地（渠首）引进的总水量的比值。灌溉水利用率也经常出现在一些报告或文献中。郭元裕（1997）提出了两种灌溉渠系水利用系数的常用计算方法：一种是利用灌溉渠系的净流量与毛流量的比值来求算；另一种则是用各级渠道水利用系数连乘来推算。目前，国内一些学者已经逐渐认识到灌溉水利用系数内涵的局限性，认为灌溉水利用系数并不能反映全灌区对水分利用的有效性，而灌溉水利用率则更适合于全国或者流域，这与我国推行的节水灌溉根本目标是一致的（吴玉芹等，2001）。

谢柳青等（2001）结合南方灌区的特点对灌溉水利用效率进行分析，建立了田间尺度的水量平衡模型，并根据灌区实际供水量资料提出了由作物灌溉定额逆推灌区渠系水利用效率和灌溉水利用效率的方法。白美健等（2002）建立了由渠道流量估算渠道水利用系数的经验公式，该估算方法具有简便可行、实用性强的显著特点，为制定灌区的灌溉水输、配计划提供了合理依据。蔡守华等（2004）综合分析了现有指标体系的缺陷，建议用“灌溉水利用效率”来代替“灌溉水利用系数”，并提出在渠系水利用效率、渠道水利用效率和田间水利用效率之外增加作物水利用效率。沈逸轩等（2005）经比较分析现行国家设计规范中有关灌溉水利用系数的概念和计算公式，提出了年灌溉水利用系数的定义和计算公式，并建议用其取代规范中那些未指明具体时段的灌溉水利用系数。近年来，一些高校、研究院所开始着手研究灌溉水利用效率评价的宏观方法，以及灌溉水利用系数的宏观测算与分析方法，如首尾测算分析法等。张亚平（2007）对陕西省的现状灌溉水利用率进行了测算分析，推算出陕西省 2005 年的灌溉水利用率平均值为 50.3%。张芳等（2008）依据河南省已有的灌溉用水管理、观测与灌溉试验等资料，按照不同类型灌区的灌溉用水量进行加权平均，从而推算出河南省现状平均灌溉水利用率为 55.4%。王洪斌等（2008）认为采用传统的测定法所获得的灌溉水利用系数并不能真实反映灌区一段时期内的灌溉水利用情况，需要对传统测定方法进行修正，并结合某一灌区的具体情况，提出了辽宁省灌区水利用系数的修正方法。王小军等（2008）对广东省的灌溉水利用率进行了测算分析，推算出全省现状平均灌溉水利用率为39.9%。熊佳等（2008）基于全国各行政区的现状灌溉水利用效率数据，对灌溉水利用效率的空间分布特征进行了分析，结果表明全国灌溉水利用效率在1500km范围内各方向上存在着较明显的自相关关系，灌溉水利用效率与节水灌溉工程面积比存在显著正相关关系。崔远来等（2009）指出灌溉用水有效利用系数尺度效应的含义，分析了灌溉用水有效利用系数随空间尺度加大而减少的规律及其原因。研究发现随灌区规模的增大，灌溉用水有效利用系数整体逐渐降低，呈现出明显的规律性；大型灌区的灌溉用水有效利用系数变异程度最小，而小型灌区的变异程度最大。谭芳等（2009）以湖北省漳河灌区为例，采用主成分分析法对灌溉水利用效率各因素的影响规律及影响程度进行了计算分析，并建立了线性回归关系。李勇等（2009）指出灌溉水利用系数是灌区内传统的渠系水利用和田间水利用系统两个子系统工程综合作用的结果，并建立了渠灌区动态灌溉水利用系数和灌区灌溉水平衡的概念。谢先红和崔远来（2010）以子流域嵌套方式将漳河灌区三干渠灌域划分为9个尺度计算了灌溉水利用效率指标，研究发现灌溉水分生产率受降水、气候条件的时空分布特征影响较大，而且随尺度增大明显，在一定精度条件下，灌溉水分生产率的尺度转换模式可以尝试应用幂函数形式。申佩佩等（2013）对灌溉水利用效率的内涵及测定方法进行了论述，提出了分段测算法用以测定灌溉水利用系数，并对结果进行了比较分析，同时对首尾法和分段法的优缺点进行了论述，针对渠道水利用系数的计算方法进行了误差分析与修正。崔远来等（2014）提出了考虑回归水重复利用的灌溉水利用效率指标计算方法，结果表明考虑回归水重复利用的灌溉水利用效率指标明显大于传统灌溉水利用系数，在回归水重复利用较高的井灌区差异更明显；在回归水重复利用不明显的引黄区，两种计算方法得到的节水潜力差异不大，总体表现为传统方法略大。王小军等（2014）以2010年广东省53宗样点灌区为研究对象，计算了各级渠系类灌区的渠系特征参数和分维值，并对其与灌溉水有效利用系数之间的作用关系进行了定性和定量分析，结果表明渠系工程状况参数（0.1084）＞下垫面参数（−0.3554）＞渠系结构参数（−0.5189）＞面积尺度参数（−0.5392）＞渠系分维特征参数（−0.5536）。周剑等（2014）将土壤水分信息引入到SEBS模型中，利用MODIS影像结合WRF模式输出的格网和地面观测的气象数据，在灌区和黑河中游整个绿洲尺度上评价2012年作物水资源利用效率，结果显示在灌区尺度上水资源利用效率是57%；以整个黑河中游为对象，由于考虑了地表水地下水的转换和重复利用，绿洲作物水资源利用效率可达到66%。操信春等（2016）计算了1998—2010年中国各省（自治区、直辖市）的灌溉效率和水分生产率指标，提出了可以同时涵盖二者功能的灌溉用水效率指标，其可以衡量灌溉水资源综合利用效率并作为区域灌溉发展方向的依据。李杰等（2016）等提出“遥感—监测—计量模型—数据分析”四位一体的灌溉水利用效率测算流程框架，将多种方法得到的数据进行对比分析，结论表明该方法能够实现准确、快速测算区域灌溉水利用系数。付强等（2017）研究表明除渠系结构复杂度、灌溉用水量与灌溉水利用效率呈负相关外，节水灌溉面积比率、渠系衬砌比率、灌区工程完好率等影响因素与灌溉水利用效率呈正相关。黄胜伟等（2018）以贵州省遵义市大中型灌区为典型灌区，从节水改造工程状况、灌溉方式、种植结构、水资源管理、灌区土地管理等方面分析了对灌溉水有效利用系数的影响。黄永江和屈忠义（2017）应用实测法与水量平衡法计算了田间水利用效率，通过典型渠道测试法计算了渠道水利用效率，在此基础上计算了察尔森灌区不同空间尺度下灌溉水利用效率；同时应用首尾法测算了察尔森灌区的灌溉水利用效率。结果表明，察尔森灌区从田间到斗渠尺度以及支渠到干渠尺度灌溉水利用效率降低明显，首尾法所得灌区尺度下的灌溉水利用效率略大于典型渠道测试法，原因在于首尾法考虑了部分回归水的利用。

第2章 研究区概况

2.1 通辽市概况

通辽市位于内蒙古东部，地处东经119°15′～123°43′，北纬42°15′～45°41′，总面积59535km²。辖科尔沁区、开鲁县、库伦旗、奈曼旗、扎鲁特旗、科尔沁左翼中旗、科尔沁左翼后旗和霍林郭勒市。北部为大兴安岭南麓余脉的石质山地丘陵，海拔400～1300m；南部为辽西山地边缘的浅山、黄土丘陵区，海拔550～730m；中部为西辽河沙质冲积平原，海拔120～320m。区域土质肥沃，是国家重要商品粮基地。总人口312万人，耕地面积1500万亩，有效灌溉面积900万亩。盛产玉米、小麦、水稻、大豆及小杂粮等，粮食总产量稳定在100亿kg以上。地处干旱半干旱大陆季风气候区，多年平均降水量385mm，多年平均蒸发量1800mm。水系以西辽河为主，其支流有西拉木伦河、老哈河、教来河以及新开河，还有东辽河下游和辽河干流的一部分支流，以及大凌河和霍林河的一部分。水资源总量34.06亿m³，其中地下水资源量25.68亿m³。

2.1.1 奈曼旗

奈曼旗位于通辽市西南部，地处东经120°20′～121°36′，北纬42°14～43°32′，总面积8137.6km²。北与开鲁县隔河相望，东与科尔沁左翼后旗和库伦旗相连，南与辽宁省阜新蒙古族自治县和北票市接壤，西与赤峰市敖汉旗和翁牛特旗毗邻。南部属于辽西山地北缘浅山丘陵区，中部以风蚀堆积沙为主，中北部平原西辽河和教来河冲积平原地势平坦开阔。总人口44.7万人，耕地面积400万亩，有效灌溉面积100万亩，主要种植作物为玉米、向日葵、籽瓜、辣椒、蔬菜等，粮食总产量5亿kg。属北温带大陆性季风干旱气候区，多年平均降水量366mm，多年平均蒸发量1824mm。水资源总量4.72亿m³，其中地下水资源量3.08亿m³。

2.1.2 科尔沁左翼中旗

科尔沁左翼中旗位于通辽市东北部，地处东经121°08′～123°32′，北纬43°33′～44°31′，总面积9811km²。西北、西、南、东南分别与扎鲁特旗、开鲁县、科尔沁区、科尔沁左翼后旗接壤，东、北分别与吉林省四平、兴安盟毗邻。地势总体西北高、东南低，以平原地貌为主，沙地广泛分布。总人口53.5万人，耕地面积440万亩，有效灌溉面积202万亩，主要种植作物为玉米、高粱、谷子、水稻等，粮食总产量27.5亿kg。属北温带大陆性季风气候区，多年平均降水量348mm，多年平均蒸发量1890mm。水资源总量5.26亿m³，其中地下水资源量4.66亿m³。

2.1.3 科尔沁区

科尔沁区是通辽市政府驻地，地处东经121°40′～123°10′，北纬43°20′～44°00′，总面积 2821km^2。南同科尔沁左翼后旗接壤，西与开鲁县为邻，北及东与科尔沁左翼中旗毗连，囊括通辽市城区，通辽市工业园区，通辽市经济技术开发区，是通辽市政治、经济、文化中心。地形总体趋势为西南高、东北低，全区平均海拔 180m。总人口 84.3 万人，耕地面积 185 万亩，有效灌溉面积 160 万亩，主要种植作物为玉米、小麦等，粮食总产量 18 亿 kg。温带大陆性季风干旱气候区，多年平均降水量 348mm，多年平均蒸发量 1894mm。水资源总量 1.98 亿 m^3，其中地下水资源量 1.98 亿 m^3。

2.1.4 开鲁县

开鲁县位于通辽市西部，地处东经 120°25′～121°52′，北纬 43°9′～44°10′，总面积 4488km^2。东与科尔沁区毗邻，西与翁牛特旗、阿鲁科尔沁旗接壤，南与奈曼旗、科尔沁左翼后旗相连，北与扎鲁特旗、科尔沁左翼中旗交界。地处西辽河冲积平原西部，地貌成因属堆积类型，西辽河水系泛滥沉积，使沿河两岸出现了宽阔的河漫滩。地势呈西高东低，南北向中间稍微倾斜。总人口 39.7 万人，耕地面积 155 万亩，有效灌溉面积 145 万亩，主要种植作物为玉米、红干椒和大豆等，粮食总产量 10 亿 kg。多年平均降水量 327mm，多年平均蒸发量 2078mm。水资源总量 2.59 亿 m^3，其中地下水资源量 2.59 亿 m^3。

2.2 赤峰市概况

赤峰市位于内蒙古东部，地处东经 116°21′～120°59′，北纬 41°17′～45°24′，总面积 90021km^2。东与通辽市毗邻，东南与朝阳市接壤，南、西与承德地区交界，西北与锡林郭勒盟相连。设红山区、松山区、元宝山区 3 个市辖区，阿鲁科尔沁旗、巴林左旗、巴林右旗、克什克腾旗、翁牛特旗、喀喇沁旗、敖汉旗 7 个旗，林西县、宁城县 2 个县。地貌上划分为北部山地丘陵区，南部山地丘陵区，西部高平原区，东部平原区，海拔 300～2000m。总人口 430 万人，耕地面积 2000 万亩，有效灌溉面积 600 万亩，主要种植作物为玉米、小麦、大豆等，粮食总产量达 51 亿 kg。属温带半干旱大陆性季风气候区，多年平均降水量 380mm，多年平均蒸发量 2100mm。水资源总量 38.98 亿 m^3，其中地下水资源量 21.86 亿 m^3。

2.2.1 松山区

松山区位于赤峰市南部，地处东经 117°47′～119°39′，北纬 42°01′～42°43′，总面积 5929km^2。东与敖汉旗相望，西与河北省围场县毗邻，西北与克什克腾旗搭界，南与喀喇沁旗、红山区、元宝山区接壤，北与翁牛特旗相连。地处辽西丘陵区西部，为蜿蜒起伏的低山、低中山组成的河川地形，地势西高东低，南、北高，中间低。总人口 59.2 万人，耕地面积 280 万亩，有效灌溉面积 100 万亩，主要种植作物为玉米、谷子、马铃薯、向日葵等，粮食总产量 8 亿 kg。属温带半干旱大陆性季风气候区，多年平均降水量 370mm，多年平均蒸发量 1950mm。水资源总量 2.56 亿 m^3，其中地下水资源量 1.33 亿 m^3。

2.2.2 阿鲁科尔沁旗

阿鲁科尔沁旗位于赤峰市东北部，地处东经 119°20′～121°1′，北纬 43°21′～45°24′，总面积 14277km^2。西北与锡林郭勒盟相连，西部与巴林左旗及巴林右旗为邻，南部与翁牛特旗隔西拉木伦河相望，东与通辽市接壤。西北部属中低山区，山势陡峻，河谷发育，山体纵横交错，地势落差大。中部为低山和低山丘陵，山势低缓，海拔 500～1000m。南部及东南部是坨沼区，为冲积平原，地势低平，起伏平缓，海拔 250～500m。东南部河谷平原及南部冲积平原上形成了固定、半固定的流动沙丘，草场退化、沙化现象十分严重。总人口 26.7 万人，耕地面积 150 万亩，草场面积 1500 万亩，有效灌溉面积 53.2 万亩，主要种植作物为玉米、谷子、绿豆、青贮玉米和牧草等，粮食总产量 5 亿 kg，人工饲草料产量 4.6 亿斤。属温带半干旱大陆性季风气候区，多年平均降水量 319mm，多年平均蒸发量 2090mm。水资源总量 3.54 亿 m^3，其中地下水资源量 1.96 亿 m^3。

2.2.3 宁城县

宁城县位于赤峰市南部，地处东经 118°26″～119°25″，北纬 41°17″～41°53″，总面积 4035km^2。处于燕山山脉东段北缘，属内蒙古高原与松辽平原的过渡地带。北与内蒙古喀喇沁旗相连，东与辽宁省建平、凌源交界，南与河北省平泉县毗邻，西与河北省承德县、隆化县接壤。总人口 53.2 万人，耕地面积 142 万亩，有效灌溉面积 74.4 万亩，主要种植作物为谷子、玉米、高粱、甜菜、向日葵、薯类等，粮食总产量 5 亿 kg。属温带半干旱大陆性季风气候区，多年平均降水量 458mm，多年平均蒸发量 1800mm。水资源总量 2.72 亿 m^3，其中地下水资源量 1.09 亿 m^3。

2.3 乌兰察布市概况

乌兰察布市位于内蒙古中部，地处东经 110°26′～114°49′，北纬 40°10′～43°28′，总面积 54500km^2。辖集宁区、丰镇市、察哈尔右翼前旗、察哈尔右翼中旗、察哈尔右翼后旗、四子王旗、商都县、化德县、卓资县、凉城县、兴和县。地形自北向南由蒙古高原、乌兰察布丘陵、阳山山脉、黄土丘陵四部分组成。阳山山脉的支脉大青山，灰腾梁横亘中部，海拔 1595～2150m，支脉蛮汉山、马头山、苏木山蜿蜒曲折分布于境内的东南部。大青山南部地区地形复杂、丘陵起伏、沟壑纵横、间有高山，平均海拔 1152～1321m。总人口 211.7 万人，耕地面积 1250 万亩，有效灌溉面积 240 万亩，主要种植作物为马铃薯、小麦、玉米、杂粮等，粮食总产量 10 亿 kg 以上。属大陆性季风气候区，因大青山横亘中部的分隔，形成了前山地区比较温暖，雨量较多，后山地区是多风的特殊气候，多年平均降水量 294mm，多年平均蒸发量 1900mm。水资源总量 12.76 亿 m^3，其中地下水资源量 8.65 亿 m^3。

2.3.1 丰镇市

丰镇市位于内蒙古中南部，山西、河北、内蒙古三省（自治区）交界处，地处东经 112°48′～113°47′，北纬 40°19′～40°48′，总面积 2722km^2。地处内蒙古高原东延丘陵地带，东、西、北三面环山，中间到南为狭长走廊，呈阶梯形状，海拔 1200～2300m。主体地形为东部群山连绵，西部丘陵起伏，中部平缓，南部低洼，地貌为低山、丘陵、冲积平原。总人口 33.5 万人，耕地面积 90 万亩，有效灌溉面积 9 万亩，主要农作物有马铃薯、玉米、莜麦、胡麻、豌豆、谷黍、甜菜等，粮食总产量 0.75 亿 kg。属半干旱和半湿润交错地带，多年平均降水量 389mm，多年平均蒸发量 2138mm。水资源总量 2.8 亿 m^3，其中地下水资源量 1.48 亿 m^3。

2.3.2 察哈尔右翼前旗

察哈尔右翼前旗位于内蒙古乌兰察布市南部，地处东经112°48′～113°40′，北纬40°41′～41°13′，总面积2440km²。东与兴和县毗邻，南与丰镇市交界，西与卓资县接壤，北与察哈尔右翼后旗、集宁区相依，察哈尔右翼前旗位于阴山山脉灰腾梁脚下，四周低山、丘陵、沟谷镶嵌分布，中间是冲积平原，整个地形呈北高南低之势。总人口23.4万人，耕地面积69.8万亩，有效灌溉面积25.6万亩，主要农作物为玉米和马铃薯，粮食总产量0.9亿kg。属中温带半干旱大陆性季风气候区，多年平均降水量376mm，多年平均蒸发量1960mm。水资源总量为3.15亿m³，其中地下水资源量为1.90亿m³。

2.3.3 察哈尔右翼后旗

察哈尔右翼后旗位于内蒙古乌兰察布市东北部，地处东经112°42′～113°30′，北纬41°3′～41°59′，总面积3910km²。东与商都县、兴和县接壤，南与察哈尔右翼前旗、集宁区、卓资县为邻，西与察哈尔右翼中旗、四子王旗交界，北与锡林郭勒盟苏尼特右旗毗邻，察右后旗地处阴山北麓，高山平原相间，丘陵沟壑交错，整个地势由南向北渐低，略呈长方形。总人口20.9万人，耕地面积为73万亩，有效灌溉面积16.5万亩，主要农作物为马铃薯、向日葵、洋葱，粮食总产量0.55亿kg。属中温带半干旱大陆性季风气候区，多年平均降水量318mm，多年平均蒸发量2180mm。水资源总量0.77亿m³，其中地下水资源量0.34亿m³。

2.3.4 商都县

商都县位于内蒙古乌兰察布市东北部，地处东经113°08′～14°15′，北纬41°18′～42°09′，总面积4553km²。东与河北省康保、尚义、张北县为邻，南与兴和县毗连，西接察哈尔右翼后旗，北与化德县、锡林郭勒盟苏尼特右旗及镶黄旗接壤，商都县地处阴山北麓，地形起伏不平，西高东低，地势由西北向东南方向倾斜。大体分为缓坡丘陵、浅山丘陵、山间盆地、河谷洼地等。总人口33.8万人，耕地面积150万亩，有效灌溉面积60万亩，主要农作物有小麦、莜麦、马铃薯、油料、豆类等，粮食总产量0.8亿kg。属中温带半干旱大陆性季风气候区，多年平均降水量351mm，多年平均蒸发量2020mm。水资源总量1.41亿m³，其中地下水资源量0.97亿m³。

2.4 扎兰屯市概况

扎兰屯市位于内蒙古东部，地处东经120°29′～123°18′，北纬47°6′～48°37′，总面积16926km²。背倚大兴安岭，面眺松嫩平原，东以音河为界与阿荣旗相依，东南及南以金长城为界与黑龙江省甘南、龙江两县及兴安盟扎赉特旗为邻，西及西北以哈玛尔山和漠克河为界与阿尔山市、鄂温克族自治旗接壤，北以阿木牛河为界与牙克石市相连。总人口为43.4万人，耕地面积300万亩，有效灌溉面积45万亩，主要农作物以种植玉米、大豆、土豆为主，粮食总产量10.8亿kg。属中温带大陆性半温润气候区，多年平均降水量496mm，多年平均蒸发量1455mm。水资源总量25.67亿m³，其中地下水资源量3.78亿m³。

2.5 锡林浩特市概况

锡林浩特市位于内蒙古中部，地处东经 115°13′～117°06′，北纬 43°02′～44°52′，总面积 14785km^2。东邻西乌珠穆沁旗，西依阿巴嘎旗，南与正蓝旗相连，东南与赤峰市克什克腾旗接壤，北同东乌珠穆沁旗为邻，锡林浩特市地形南高北低，海拔 900～1400m，平均海拔 988m。地貌可分为高平原丘陵地、低缓丘陵地、熔岩台地和沙丘（地）4 个地貌单元，全市除东南部以外，地貌差异不大，高平原丘陵区和低山丘陵区常相间分布。总人口为 25.14 万人，耕地面积 27 万亩，草场面积 2000 万亩，主要农作物以种植小麦、马铃薯、青贮玉米和牧草为主，粮食总产量 0.25 亿 kg，人工饲草料 4 亿斤。属中温带半干旱大陆性气候区，多年平均降水量 287mm，多年平均蒸发量 1746mm。水资源总量为 2.31 亿 m^3，其中地下水资源量为 2.17 亿 m^3。

第3章　灌溉水利用效率测试布置原则与测定方法

依据水利部颁发的《全国灌溉用水有效利用系数测算分析技术指南》，本着“方法统一，结合实际，典型测试，尺度加权”的原则，制定了详细的测试方案。

3.1　田间测试布置

3.1.1　样点灌区选择原则

以单井控制区作为一个样点灌区，为了评价样点灌区的灌溉水平，设置若干以控制灌溉定额为目标的科学灌溉测试点。样点灌区按以下原则选取：

（1）在施测旗县区调查作物种植结构和灌溉形式，对种植比例大于10%的作物进行灌溉水利用效率进行测试。

（2）对同一作物不同灌溉形式的灌溉水利用效率进行测试。

（3）将单井控制灌溉面积作为典型样点灌区。

（4）样点灌区应能体现土壤质地、地下水位埋深、降水、灌溉习惯等因素的差异性。

（5）样点灌区灌溉面积应能覆盖大、中、小尺度田块，且边界清楚、形状规则。

（6）样点灌区位置应符合交通便利、便于测试人员工作，方便信息数据收集等条件。

3.1.2　通辽市样点灌区选择

3.1.2.1　奈曼旗

奈曼旗样点灌区选择具有代表性的舍力虎灌区，其位于教来河两侧，呈南北向狭长状分布，主要灌溉方式为低压管灌和膜下滴灌，作物主要为玉米，种植面积大于90%。灌区南部主要采用低压管灌，北部主要采用膜下滴灌。综合考虑土壤质地、气候、灌溉方式等因素，在灌区上、中、下游选取4组典型样点，每组选取2个重复。

样点分别位于舍力虎水库农业队、白音他拉镇希勃图嘎查、东明镇代筒村和伊和乌素嘎查。此外，设置1个膜下滴灌科学灌溉试验点，位于白音他拉镇伊和乌素嘎查。各典型样点灌区的基本情况见表3-1。

表3-1　　通辽市奈曼旗样点灌区基本情况

灌区名称	样点灌区	灌溉方式	种植作物	单井控制面积/亩	地下水位埋深/m	位置
奈曼旗	舍力虎农13号	低压管灌	玉米	184	13.81	42°45′12″ 120°37′51″
	舍力虎农14号	低压管灌	玉米	155	13.67	42°45′14″ 120°37′43″

续表

灌区名称	样点灌区	灌溉方式	种植作物	单井控制面积/亩	地下水位埋深/m	位置
奈曼旗	希勃图 11 号	低压管灌	玉米	138	15.43	43°02′09″ 120°48′38″
	希勃图 13 号	低压管灌	玉米	225	15.86	43°02′09″ 120°48′22″
	代筒村 1 号	低压管灌	玉米	191	11.65	43°16′14″ 121°10′47″
	代筒村 2 号	低压管灌	玉米	189	11.30	43°16′34″ 121°11′00″
	伊和乌素 1 号	膜下滴灌	玉米	110	14.22	43°07′05″ 120°53′08″
	伊和乌素 2 号	膜下滴灌	玉米	154	14.57	43°07′02″ 120°53′18″
	伊科学灌溉点	膜下滴灌	玉米	179	14.50	43°06′57″ 120°54′00″

3.1.2.2 科尔沁左翼中旗

科尔沁左翼中旗主要灌溉方式为低压管灌、膜下滴灌和喷灌，主要作物为玉米。本次测试分别在科尔沁左翼中旗上、中、下游针对不同灌溉方式选择 3 组样点，每组选取 2 个重复。样点分别位于敖包苏木扎如德仓嘎查、努日木苏木巴彦柴达木嘎查和保康镇巨宝山村，喷灌科学灌溉试验点位于保康镇巨宝山村。各典型样点灌区基本情况见表 3-2。

表 3-2 通辽市科尔沁左翼中旗样点灌区基本情况

灌区名称	样点灌区	灌溉方式	种植作物	单井控制面积/亩	地下水位埋深/m	位置
科尔沁左翼中旗	扎如德仓 1 号	膜下滴灌	玉米	62	11.32	43°45′11″ 122°06′36″
	扎如德仓 2 号	膜下滴灌	玉米	103	11.06	43°45′18″ 122°06′30″
	巴彦柴达木 6 号	低压管灌	玉米	176	10.20	43°54′53″ 123°07′42″
	巴彦柴达木 7 号	低压管灌	玉米	142	10.43	43°54′27″ 123°07′20″
	巨宝山 1 号	喷灌	玉米	500	8.98	44°02′26″ 123°14′18″
	巨宝山 2 号	喷灌	玉米	500	9.24	44°02′23″ 123°13′36″
	巨科学灌溉点	喷灌	玉米	500	9.05	44°02′26″ 123°14′11″

3.1.2.3 科尔沁区

科尔沁区样点灌区位于余粮堡镇、丰田镇、木里图镇、大林镇和钱家店镇，主要作物均为玉米。共选择 11 个低压管灌样点灌区、3 个膜下滴灌样点灌区、1 个喷灌样点灌区、

1个井灌样点灌区。低压管灌科学灌溉试验点位于余粮堡镇天庆东村。各典型样点灌区基本情况见表3-3。

表3-3　通辽市科尔沁区样点灌区基本情况

灌区名称	样点灌区	灌溉方式	种植作物	单井控制面积/亩	地下水位埋深/m	位置
科尔沁区	天庆东1号	低压管灌	玉米	156	10.52	43°26′01″ 122°01′09″
	天庆东2号	低压管灌	玉米	122	10.38	43°25′59″ 122°01′57″
	天科学灌溉点	低压管灌	玉米	112.9	10.46	43°25′50″ 121°59′34″
	西富1号	低压管灌	玉米	150	12.37	43°34′23″ 121°56′24″
	西富2号	低压管灌	玉米	200	12.35	43°29′07″ 121°56′25″
	丰田1号	低压管灌	玉米	130	13.10	43°34′42″ 122°06′34″
	丰田2号	膜下滴灌	玉米	170	13.20	43°34′23″ 122°06′06″
	建新1号	低压管灌	玉米	310	13.52	43°33′29″ 122°01′36″
	建新2号	膜下滴灌	玉米	177	13.49	43°32′33″ 122°00′44″
	建新3号	喷灌	玉米	360	13.52	43°31′37″ 122°00′18″
	木里图1号	低压管灌	玉米	195	14.12	43°31′23″ 122°14′35″
	木里图2号	低压管灌	玉米	179	14.53	43°31′23″ 122°14′03″
	大林1号	低压管灌	玉米	168	13.78	43°43′22″ 122°49′38″
	大林2号	井灌	玉米	125	13.81	43°43′34″ 122°49′33″
	钱家店1号	低压管灌	玉米	300	13.63	43°42′32″ 122°30′04″
	钱家店2号	膜下滴灌	玉米	120	13.59	43°42′37″ 122°30′11″

3.1.2.4 开鲁县

开鲁县样点灌区位于大榆树镇和开鲁镇，主要作物为玉米和红干椒，灌溉方式分别为低压管灌和膜下滴灌。选择6个玉米典型样点灌区和4个红干椒典型样点灌区。各典型样点灌区基本情况见表3-4。

表 3-4 通辽市开鲁西辽河灌区样点灌区基本情况

灌区名称	样点灌区	灌溉方式	种植作物	单井控制面积/亩	地下水位埋深/m	位置
开鲁县	里仁东地	低压管灌	玉米	122	13.78	43°53′42″ 121°05′48″
	里仁西地	低压管灌	玉米	32	13.80	43°53′05″ 121°05′60″
	丰收北地	低压管灌	玉米	127	13.21	43°39′35″ 121°45′43″
	丰收南地	低压管灌	玉米	79	13.18	43°39′17″ 121°45′23″
	道德东地	低压管灌	红干椒	185	13.13	43°39′49″ 121°27′46″
	道德南地	低压管灌	红干椒	145	13.14	43°38′06″ 121°20′16″
	三星西地	膜下滴灌	玉米	130	13.22	43°39′44″ 121°27′46″
	三星东地	膜下滴灌	玉米	351	13.22	43°37′36″ 121°20′40″
	道德西地	膜下滴灌	红干椒	167	13.56	43°39′26″ 121°44′55″
	道德北地	膜下滴灌	红干椒	187	13.57	43°39′39″ 121°45′16″

3.1.3 赤峰市样点灌区选择

3.1.3.1 松山区

松山区灌溉方式为主要为膜下滴灌与管灌，主要作物为玉米。灌区土壤质地不尽相同，降水量等气候因素有一定变化，地下水埋深较深。综合考虑土壤质地、气候、灌溉方式等因素，选取 2 个样点灌区，分别位于城子乡和当铺地乡。各典型样点灌区基本情况见表 3-5。

表 3-5 赤峰市松山区样点灌区基本情况

灌区名称	样点灌区	灌溉方式	种植作物	单井控制面积/亩	地下水位埋深/m	位置
松山区	杨树沟门村	膜下滴灌	玉米	509	27.67	42°07′37″ 118°39′32″
	南平房村 1 号	膜下滴灌	玉米	700	18.45	42°25′00″ 118°53′20″
	小木头沟村	膜下滴灌	玉米	864	25.38	42°26′40″ 118°52′10″
	石匠沟村	膜下滴灌	玉米	445	19.93	42°26′47″ 118°51′07″
	南平房村 2 号	管灌	玉米	240	18.55	42°08′26″ 118°41′12″
	画匠沟门村	管灌	玉米	350	24.23	42°24′58″ 118°52′02″

3.1.3.2 阿鲁科尔沁旗

阿鲁科尔沁旗只测试人工牧草的灌溉水利用效率，采用指针式喷灌方式灌溉。选取2个典型样点灌区，分别位于巴拉奇如德苏木和绍根镇。各典型样点灌区基本情况见表3-6。

表3-6　赤峰市阿鲁科尔沁旗样点灌区基本情况

灌区名称	样点灌区	灌溉方式	种植作物	单井控制面积/亩	地下水位埋深/m	位置
阿鲁科尔沁旗	通希	指针式喷灌	紫花苜蓿	500	15.72	43°31′42″ 120°12′48″
	乌拉嘎	指针式喷灌	紫花苜蓿	500	12.18	43°39′07″ 120°32′37″

3.1.3.3 宁城县

根据宁城县甸子灌区现状条件下的种植结构及农田灌溉方式，在灌区布设3个玉米膜下滴灌样点灌区，3个玉米管灌样点灌区，管灌为利用小白龙输水袋灌溉，1个玉米膜下滴灌科学灌溉试验点。各典型样点灌区基本情况见表3-7。

表3-7　赤峰市宁城县样点灌区基本情况

灌区名称	样点灌区	灌溉方式	种植作物	单井控制面积/亩	地下水位埋深/m	位置
宁城县	朝阳山	膜下滴灌	玉米	215.3	6.28	41°26′20″ 118°52′21″
	西五家子	膜下滴灌	玉米	50.5	5.48	41°25′40″ 118°54′49″
	榆树林子	膜下滴灌	玉米	130.0	5.21	41°29′59″ 119°02′51″
	巴里营子	管灌	玉米	24.6	7.96	41°28′55″ 118°58′48″
	三姓庄	管灌	玉米	11.5	14.89	41°33′23″ 119°07′28″
	红庙子	管灌	玉米	5.5	5.89	41°32′48″ 119°10′23″
	科学灌溉点	膜下滴灌	玉米	215.3	6.33	41°26′18″ 118°52′25″

3.1.4 乌兰察布市样点灌区选择

3.1.4.1 丰镇市

丰镇市灌区主要灌溉方式为膜下滴灌，主要作物为玉米、葵花和马铃薯，其他作物有蔬菜、杂粮等，种植面积均小于10%。综合考虑土壤质地、气候、灌溉方式等因素，在丰镇市灌区选取3个典型样点灌区。样点灌区从北至南分别位于黑土台镇孔家窑、大庄科乡小庄科和黑圪塔洼乡元山村。各典型样点灌区基本情况见表3-8。

表 3-8　乌兰察布市丰镇市样点灌区基本情况

灌区名称	样点灌区	灌溉方式	种植作物	单井控制面积/亩	地下水位埋深/m	位置
丰镇市	孔家窑	膜下滴灌	葵花	150	7.64	42°07′37″ 118°39′32″
	小庄科	膜下滴灌	马铃薯	265	6.48	42°25′00″ 118°53′20″
	元山村	膜下滴灌	玉米	250	5.39	42°26′40″ 118°52′10″

3.1.4.2 察哈尔右翼前旗

察哈尔右翼前旗小土城样点灌区位于三岔口境内，该区域种植结构比较单一，马铃薯所占比重很大，灌溉方式主要为膜下滴灌。综合考虑土壤质地、气候、灌溉方式等因素，结合交通方便和行政区划，选取 1 个马铃薯典型样点灌区。典型样点灌区基本情况见表 3-9。

表 3-9　乌兰察布市察哈尔右翼前旗样点灌区基本情况

灌区名称	样点灌区	灌溉方式	种植作物	单井控制面积/亩	地下水位埋深/m	位置
察哈尔 右翼前旗	小土城子	膜下滴灌	马铃薯	1388	23.62	41°07′58″ 113°01′27″

3.1.4.3 察哈尔右翼后旗

察哈尔右翼后旗测试点位于贲红镇，主要灌溉方式为喷灌和膜下滴灌，主要作物为马铃薯、向日葵、洋葱。综合考虑土壤质地、气候、灌溉方式等因素，结合交通方便和行政区划，选取 3 个典型样点灌区。各典型样点灌区基本情况见表 3-10。

表 3-10　乌兰察布市察哈尔右翼后旗样点灌区基本情况

灌区名称	样点灌区	灌溉方式	种植作物	单井控制面积/亩	地下水位埋深/m	位置
察哈尔 右翼后旗	贲红村 1 号井	膜下滴灌	马铃薯	600	25.68	41°17′56″ 113°14′39″
	贲红村 2 号井	膜下滴灌	向日葵	400	25.68	41°18′12″ 113°14′37″
	古丰村 1 号井	喷灌	洋葱	400	25.63	41°16′14″ 113°16′52″

3.1.4.4 商都县

商都县测试点位于三大顷乡，主要灌溉方式为膜下滴灌，主要作物为马铃薯。综合考虑土壤质地、气候、灌溉方式等因素变化，结合交通方便和行政区划，选取 1 个样点灌区。典型样点灌区基本情况见表 3-11。

表 3-11　乌兰察布市商都县样点灌区基本情况

灌区名称	样点灌区	灌溉方式	种植作物	单井控制面积/亩	地下水位埋深/m	位置
商都县	王殿金村 1 号井	膜下滴灌	马铃薯	1200	24.23	41°24′3″ 113°32′07″

3.1.5 扎兰屯市样点灌区选择

扎兰屯市降水丰沛，当地6—9月降水完全能够满足作物全生育期的需水量，因此，春灌对于作物全年生长、丰收高产具有至关重要的作用。现状条件下，扎兰屯市玉米种植面积占农作物总种植面积的70%～75%；大豆、马铃薯和其他农作物占25%～30%，但基本不进行灌溉。近几年，具有灌溉条件的区域，玉米基本完全推广采用膜下滴灌方式，传统的地面灌溉已很少见。因此，本次在扎兰屯市3个乡镇选择4个膜下滴灌试验点进行灌溉效率测试。各典型样点灌区基本情况见表3-12。

表3-12 扎兰屯市样点灌区基本情况

灌区名称	样点灌区	灌溉方式	种植作物	单井控制面积/亩	地下水位埋深/m	位置
扎兰屯市	蘑菇气爱国	膜下滴灌	玉米	178.2	10.14	47°30′27″ 122°21′45″
	成吉思汗三队	膜下滴灌	玉米	341.5	23.69	47°45′01″ 122°56′50″
	成吉思汗七队	膜下滴灌	玉米	134.4	15.89	47°55′14″ 122°57′24″
	大河湾向阳	膜下滴灌	玉米	14.9	30.58	47°56′12″ 123°04′21″

3.1.6 锡林浩特市样点灌区选择

锡林浩特市人工牧草种植品种主要包括青贮玉米和紫花苜蓿两类，还包括一定数量的燕麦。2014年青贮玉米、紫花苜蓿和燕麦种植面积占人工牧草总种植面积的比例分别为52.3%、37.5%和10.2%。本次布设6个样点灌区进行灌溉效率测试。此外，还布置了1个青贮玉米科学灌溉试验点，以便比较当地实际灌溉与科学灌溉情况下灌溉水利用效率的高低和节水效果。各典型样点灌区基本情况见表3-13。

表3-13 锡林浩特市样点灌区基本情况

灌区名称	样点灌区	灌溉方式	种植作物	单井控制面积/亩	地下水位埋深/m	位置
锡林浩特市	一连	指针式喷灌	紫花苜蓿	1000	35.57	43°54′10″ 116°22′41″
	九连	指针式喷灌	紫花苜蓿	1000	30.28	43°42′18″ 116°19′02″
	毛登1号	指针式喷灌	青贮玉米	250	13.20	44°09′51″ 116°32′44″
	毛登2号	指针式喷灌	青贮玉米	500	13.65	44°10′18″ 116°32′27″
	白音1号	指针式喷灌	燕麦	250	60.25	44°20′45″ 116°00′06″
	白音2号	指针式喷灌	燕麦	500	60.48	44°20′57″ 116°00′47″
	科学灌溉点	指针式喷灌	青贮玉米	250	13.02	44°09′56″ 116°33′10″

3.2 不同灌溉方式测试田块布置

3.2.1 低压管灌测试田块布置

低压管灌单井控制区，灌溉井一般位于控制区一角，由 1 条干管连接向田间输水。干管上按控制区大小设支管若干条向田间配水，并在各支管安装多个给水栓进行灌溉，给水栓间距 70～80m，如图 3-1 所示。

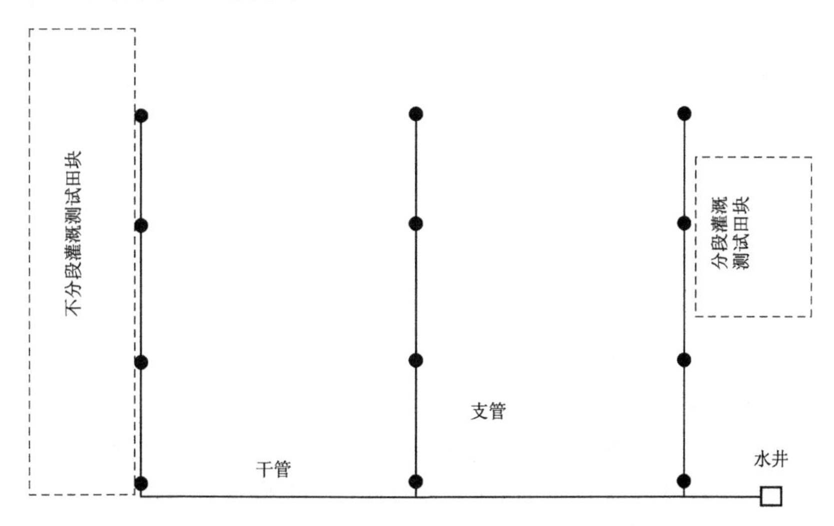

图 3-1 单井控制区低压管灌布置和测试田块位置

在单井控制区内的近端和远端支管控制范围内各选择 1 个测试田块。当地农民为方便常在支管 2～3 个给水栓上安装塑料软管分段灌溉该支管控制范围下的条田，或只使用上游第 1 个给水栓不分段灌溉该支管控制范围下的条田，然后按照支管进行单管轮灌。对于分段灌溉，取 1 个灌溉段作为测试田块；对于不分段灌溉，取该支管控制范围条田作为测试田块。在测试田块上、中、下游各设 1 处土壤含水率测试点，在灌溉井出口设流量观测点。

低压管灌科学对照试验点的布置方法是选取固定的试验田块，在每轮灌水前测得灌前土壤含水率，按照试验田块土壤田间持水率的 90%计算出每次需灌溉的水量，灌溉井的出水量可以现场测得，因此可以计算出每次灌溉需要的时间，再加以控制。

3.2.2 膜下滴灌测试田块布置

膜下滴灌单井控制区，灌溉井一般位于控制区一角，由 1 条干管连接向田间输水。干管上按控制区大小设支管若干条向田间配水，并在各支管安装多条滴灌带进行灌溉，如图 3-2 所示。在单井控制区内的近端和远端支管控制范围内各选择 1 个测试田块，在田块上、中、下部各选 2 条滴灌带，并在其上、中、下游处各设 1 处土壤含水率测试点，在灌溉井出口设流量观测点。

膜下滴灌科学对照试验点的试验布置方法是选取固定的试验田块，在每轮灌水前测得灌前土壤含水率，按照试验田块土壤田间持水率的 90%计算出每次需灌溉的水量，滴灌

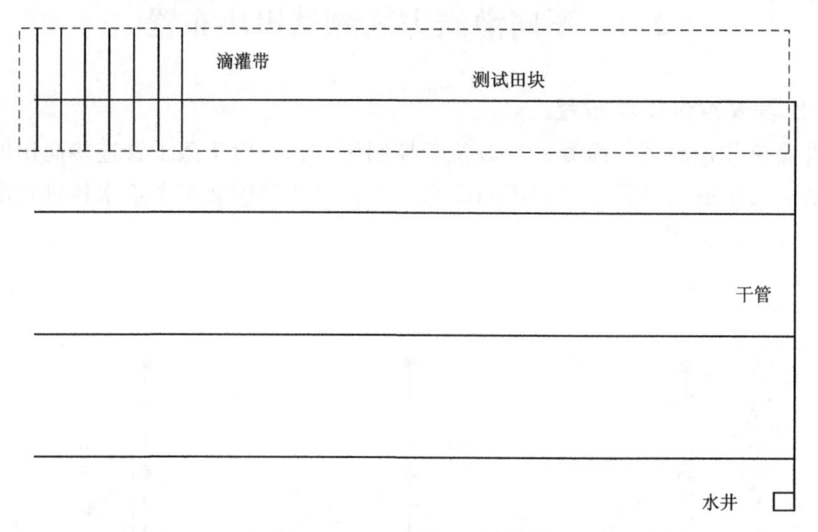

图3-2 单井控制区膜下滴灌布置和测试田块位置

带的出水量可以现场测得，因此可以计算出每次灌溉需要的时间，再加以控制。

3.2.3 喷灌测试田块布置

本次测试点运用的是单井控制或三井通过汇通管向机组供水，在喷灌机控制区内选择2块测试田块，在测试田块上、中、下位置处各设一个土壤含水率测试点，在地下水井设出水量观测点，如图3-3和图3-4所示。

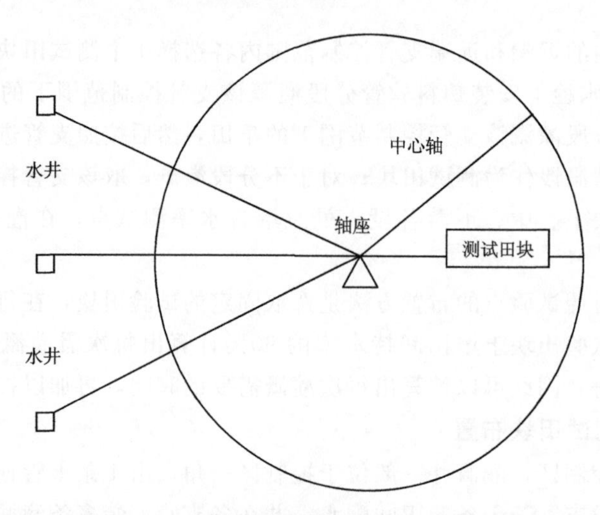

图3-3 三井控制区喷灌布置和测试田块位置

喷灌科学对照试验点的试验布置方法是选取固定的试验田块，并列布设TDR管进行含水率测定，当土壤含水率低于田间持水率的65%时，按照试验田块土壤的田间持水率的90%计算得出每次需灌溉的水量，移动式喷灌机的单位出水量可以由观测得到，因此可以计算出每次灌水需要的灌水时间，并加以控制。

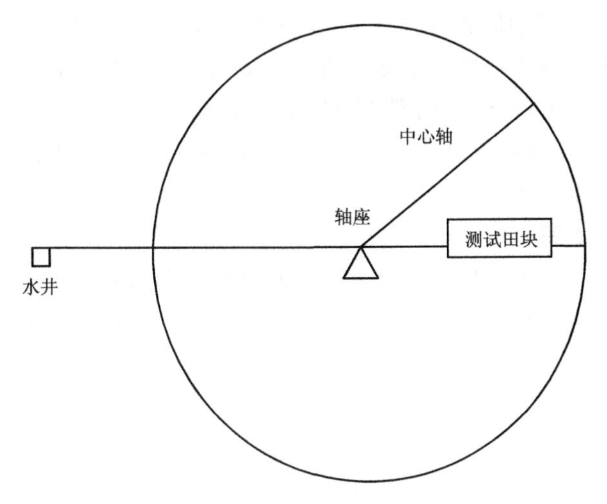

图 3-4　单井控制区喷灌布置和测试田块位置

3.3　田间观测内容与方法

3.3.1　灌溉面积

各样点灌区和测试田块灌溉面积采用测尺和 RTK 进行精确测量。

3.3.2　灌溉水量

根据地下水灌区的实际情况，进入典型田块的毛灌溉水量测定，统一在地下水井出口流量测试点采用超声波流量计测定其流量，按灌水时段计算测试田块和样点灌区的灌水量，每轮灌水测定 1 次。

3.3.3　土壤含水率

在每个测试田块上、中、下位置处均匀选取 6～9 个采样点，采样工具为不锈钢取土钻，采用烘干法测定其土壤质量含水率。对每个采样点按每层厚度 10cm 采取土样，共取 10 层，即 100cm。每次灌水前 1d 和灌后 1～2d 采集土样。

3.3.4　土壤容重与质地

土壤剖面的实测是为了获取不同试验田块不同层次的土壤容重和田间持水量，但由于土壤的空间变异性，不同试验田块不同位置所测得的土壤容重和田间持水量各不相同，只能选择具有代表性的剖面，从而能够代表同类土质的情况，且剖面所在位置土层没有被破坏。具体试验方法为：

（1）开挖宽 1m、长 2m、深 1.5m 的土坑，注意观察面要向阳、垂直。

（2）根据土体的构造和实验要求，确定土样采集的层次。结合土壤含水率的采样深度，确定为 10 个层次的采样。

（3）采样工具为环刀（$100cm^3$），每层取 4 个原状土样，取到的土样采用环刀法测定土壤容重，结果取平均值。

在各层处取适量的土样，在实验室内采用筛分法和粒度仪法进行土壤颗粒分析，测定各试验田土壤质地。测试所用的激光粒度仪为 BbcKm - COUL - treLS - 230，采用 Fraunhofer 理论模型计算土壤颗粒组成。将经 0.8mm 筛处理的样品放入进样池中，仪器将自动测定样品。并应用相应的软件得出大于 0.05mm、0.002～0.05mm 和小于 0.002mm 的粒级含量，确定各级粒径组合比例，再在 TAL 软件中按美国农业部土壤质地三角形确定根系层土壤质地。

3.3.5 土壤田间持水率

采用环刀法室内测定土壤田间持水率。将野外取样环刀放入水中（水不没环刀顶）浸一昼夜。经风干，通过孔径为 1mm 的土筛，装入环刀。然后将装有湿土的环刀的有孔盖子打开，连同滤纸一起放在盛风干土的环刀上。经过 8h 吸水后，从盛原状土的环刀中取 15～20h 土样，用称重烘干法，测其含水率。

3.3.6 有效降水量

在典型样点灌区布设雨量筒，动态观测全生育期的降水量。提前根据当地天气预报判断降水大小，并于降水前 1d 和雨后 1～2d 在有效试验田中均匀分布的 9 个位置处，在 100cm 深度范围内，利用土钻每隔 10cm 取样，放入铝盒用胶带缠封后，送实验室，采用烘干法测试土壤含水率。在此基础上，采用相关公式计算有效降水量。

3.3.7 作物产量

作物收割时，在典型样点灌区中分别选取 10～15 株作物，测定其经济重量，通过生长面积对典型样点灌区进行产量估测。

3.3.8 地下水位埋深

在各典型样点灌区选择灌溉井或其周边废弃的农用井，利用人工观测或自记水位计的方法动态观测地下水位的变化。

第4章　灌溉水利用效率分析计算方法

4.1　样点灌区灌溉水利用效率计算方法

样点灌区灌溉水利用系数采用田间实测法和水量平衡法计算，在此基础上，取两种方法的均值作为样点灌区的灌溉水利用系数。这里需指出样点灌区的灌溉水利用系数为各旗县不同灌溉作物、不同灌溉方式下的灌溉水利用系数。

4.1.1　田间实测法

田间实测法也称计划湿润层法，即在灌水前后取土样，利用灌水前后的土壤含水率、分层干容重数据计算样点灌区的净灌水定额，在此基础上，除以实测的毛灌水定额，就可以得到单次的灌溉水利用系数。取同种作物、相同灌溉方式下多轮单次灌溉水利用系数的均值即可表示该种作物、此种灌溉方式下的灌溉水利用系数。按面积加权法，计算同一旗县区不同样点灌区同种作物、相同灌溉方式的灌溉水利用系数，即可表示该旗县区样点灌区的灌溉水利用系数。

对于旱作物充分灌溉，净灌水定额通过测试灌水前后作物计划湿润层深度内土壤剖面含水率的变化，利用式（4-1）计算出各次灌水的净灌水定额。

$$M_i=667\gamma H(\theta_2-\theta_1) \tag{4-1}$$

式中　M_i——净灌水定额，m^3/亩；

γ——土壤干容重，t/m^3；

H——作物计划湿润层深度，m；

θ_1——灌水前测定的土壤质量含水率，%；

θ_2——灌水后测定的土壤质量含水率，%。

4.1.2　水量平衡法

如样点灌区观测资料有限，可根据样点灌区全生育的气象资料，利用彭曼-蒙特斯公式计算出参考作物腾发量 ET_0，按作物系数法计算作物腾发量 ET_c。在此基础上，利用水量平衡公式式（4-2），计算得出作物全生育期的净灌溉定额 M_i。利用净灌溉定额除以全生育期的毛灌溉定额即可得到样点灌区的灌溉水利用系数，按面积加权法，计算同一旗县区不同样点灌区同种作物、相同灌溉方式的灌溉水利用系数，即可表示该旗县区样点灌区的灌溉水利用系数。

$$M_i=0.667(ET_c-P_e-G_e-\Delta W) \tag{4-2}$$

式中　ET_c——作物全生育期的腾发量，mm；

P_e——作物全生育期的有效降水量，mm；

G_e——作物全生育期的地下水利用量，mm；

ΔW——作物全生育期始末土壤储水量的变化量，mm。

1. 参考作物腾发量 ET_0 及作物腾发量计算 ET_c

作物实际蒸腾蒸发量 ET_c 采用联合国粮农组织推荐的参考作物系数法计算（FAO-56，1998），如式（4-3）所示：

$$ET_c = \sum_{i=1}^{n} ET_{ci} = \sum_{i=1}^{n} K_{ci} \times ET_{0i} \tag{4-3}$$

式中 ET_c——作物全生育期的需水量，mm；

ET_{ci}——第 i 阶段的需水量，mm；

K_{ci}——第 i 阶段的作物系数；

ET_{0i}——第 i 阶段的参考作物蒸发蒸腾量，mm；

n——作物生育阶段数。

参考作物蒸发蒸腾量 ET_{0i} 采用联合国粮农组织推荐的修正彭曼-蒙特斯公式计算方法（FAO-56，1998），以日为计算时段，如式（4-4）所示：

$$ET_0 = \frac{0.408\Delta(R_n - G) + \gamma \dfrac{900}{T+273} u_2 (e_s - e_a)}{\Delta + \gamma(1 + 0.34u_2)} \tag{4-4}$$

式中 ET_0——参考作物蒸发蒸腾量，mm/d；

R_n——作物冠层表面的净辐射，MJ/(m^2·d)；

G——土壤热通量，MJ/(m^2·d)；

T——2m 高度处的空气温度，℃；

u_2——2m 高度处的风速，m/s；

e_s——饱和水汽压，kPa；

e_a——实际水汽压，kPa；

$e_s - e_a$——饱和水汽压差，kPa；

Δ——饱和水汽压曲线斜率，kPa/℃；

γ——湿度计常数，kPa/℃。

式（4-4）有关参数采用式（4-5）～式（4-13）计算。

饱和水汽压曲线上的斜率 Δ：

$$\Delta = \frac{4098 \times \left[0.618\exp\left(\dfrac{17.27T}{T+237.3}\right)\right]}{(T+237.3)^2} \tag{4-5}$$

湿度计常数 γ：

$$\gamma = \frac{c_p P}{\varepsilon\lambda} = 0.665 \times 10^{-3} P \tag{4-6}$$

$$P = 101.3 \times \left(\frac{293 - 0.0065z}{293}\right)^{5.26} \tag{4-7}$$

式中 P——大气压强，可采用实测值，kPa；

z——海拔，m；

λ——水的汽化潜热，其值为 2.45MJ/kg，也可以利用公式 $\lambda = 2.5012.361 \times 10^3 T$

来计算；

c_p——标准大气压下的显热常数，其值为 1.013×10^{-3}MJ/(kg·℃)；

ε——水蒸气与干空气分子的比率常数，其值为 0.622。

地面 2m 高处平均风速 u_2 一般气象站所测风速均为 2m 高处风速，否则，应进行转换，其公式为

$$u_2=u_z\frac{4.87}{\ln(67.8z-5.42)} \tag{4-8}$$

式中 u_z——离地面 zm 高处的风速，m/s；

z——风速施测高度，m。

饱和水气压 e_s：

$$e_s=\frac{e^0(T_{\max})+e^0(T_{\min})}{2} \tag{4-9}$$

$$e^0(T)=0.6108\exp\left(\frac{17.27T}{T+237.3}\right) \tag{4-10}$$

式中 $e^0(T)$——温度 T 下的饱和水气压，kPa；

T——温度，℃；

$T_{\max}$——日最高气温，℃；

$T_{\min}$——日最低气温，℃。

实际水气压 e_a：

当有日最大相对湿度与日最先相对湿度时，其公式为

$$e_a=\frac{e^0(T_{\max})\frac{RH_{\min}}{100}+e^0(T_{\min})\frac{RH_{\max}}{100}}{2} \tag{4-11}$$

当只有日最大相对湿度时，其公式为

$$e_a=e^0(T_{\min})\frac{RH_{\max}}{100} \tag{4-12}$$

当只有日平均相对湿度时，其公式为

$$e_s=\frac{RH_{\mathrm{mean}}}{100}\left(\frac{e^0T_{\max}+e^0T_{\min}}{2}\right) \tag{4-13}$$

式中 $RH_{\max}$、$RH_{\min}$、RH_{mean}——日最高、最低与日平均相对湿度，%。

作物系数 K_{ci} 受土壤、气候、作物生长状况和管理方式等多种因素的影响，一般各地都通过灌溉试验确定，并给出逐时段（日、旬或月）的变化过程。对缺乏试验资料或试验资料不足的作物或地区，可利用 FAO（联合国粮农组织）推荐的 84 种作物的标准作物系数和修正公式，并依据当地气候、土壤、作物和灌溉条件对其进行修正。FAO 推荐采用分段单值平均法确定作物系数，即把全生育期的作物系数变化过程概化为 4 个阶段，并分别采用 3 个作物系数值予以表示。图 4－1 给出了作物系数的变化过程（FAO－56，1998）。

2. 有效降水量 P_e 计算

有效降水量指总降雨量中能够保存在作物根系层中用于满足作物蒸发蒸腾需要的那部

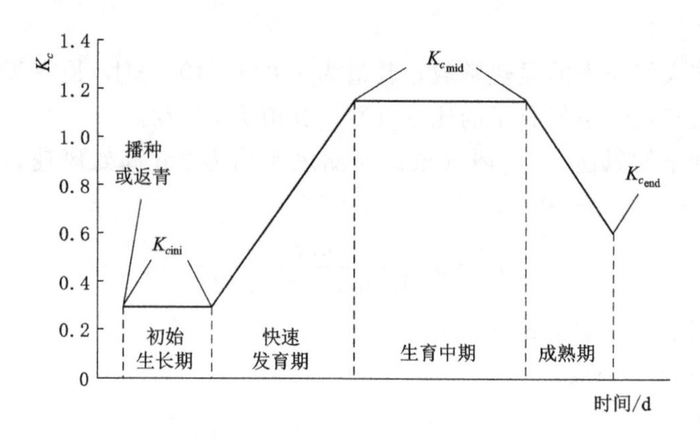

图4-1 作物系数变化过程

分水量，不包括地表径流和渗漏至作物根系吸水层以下的水量，即理论上有效降水量，可按式（4-14）计算：

$$P_e = P - P_1 - P_2 \tag{4-14}$$

式中 P_1——降雨所产生的地表径流，mm；

P_2——降雨所产生的深层渗漏量，mm。

由于式（4-14）后两项不易测定，还可用经验的降水有效利用系数计算有效降水量，计算公式如式（4-15）所示：

$$P_e = \alpha P \tag{4-15}$$

式中 P_e——有效降水量，mm；

P——次降水量，mm；

α——降水有效利用系数。

α与降水总量、降水强度、降水延续时间、土壤性质、作物生长、地面覆盖和计划湿润层深度有关，一般根据实验资料，大面积统计分析和经验确定。对没有降水有效利用系数资料的灌区，一般结合灌区实际情况参考邻近灌区试验数据选取，对于有降水有效利用系数的灌区，以灌区提供的降水有效系数为准。中国目前采用以下经验系数：次降水小于50mm时，$\alpha=1.0$；次降水为50～150mm时，$\alpha=0.80\sim0.75$；次降水大于150mm时，$\alpha=0.70$。系数α需根据各地条件，并进行试验研究后确定。

有效降水量还可开展专门的田间试验进行测试，通过测试降水前1d和雨后1～2d的土壤含水率，采用计划湿润层法计算。通过优化方法拟合次降水量与次有效降水量点据，推断次有效降水量与次降水量的关系方程，可以用来预测无实测有效降水量样点灌区的有效降水量。

3. 地下水利用量G_e计算

地下水利用量G_e指地下水借助于土壤毛细管作用上升至作物根系吸水层而被作物直接吸收利用的地下水水量。计算方法包括田间实测法、经验系数法、模拟法、水量平衡法等。当地下水埋深大于2.5m时，可不考虑地下水利用量。

4. 土壤储水量的变化量ΔW计算

作物生育期始末土壤储水量的变化量ΔW按式（4-16）计算：

$$\Delta W = W_{始} - W_{末} \tag{4-16}$$

式中 $W_{始}$——作物生育期初期土壤储水量，mm；

$W_{末}$——作物生育期末期土壤储水量，mm。

4.1.3 滴灌净灌溉定额的修正

膜下滴灌属局部灌溉，在滴灌作物根区湿润范围内取土测定土壤含水率，按式（4－1）或式（4－2）测定的净灌（水）溉定额乘以滴灌湿润比进行修正。滴灌湿润比可用式（4－17）计算：

$$f = \frac{A_{滴湿}}{A_{滴控}} \tag{4-17}$$

式中 f——滴灌湿润比；

$A_{滴湿}$——滴灌湿润面积，亩；

$A_{滴控}$——滴灌控制面积，亩。

4.2 灌区和地区灌溉水利用效率计算方法

通过田间实测法和水量平衡法均可以计算出样点灌区的灌溉水利用系数，取两种方法的均值作为样点灌区的灌溉水利用系数。在此基础上，采用面积加权法可以推算出灌区（即旗县区）和地区（即市区）的灌溉水利用系数。

4.2.1 灌区灌溉水利用系数

灌区灌溉水利用系数根据样点灌区不同灌溉方式的灌溉水利用系数及其灌溉面积，采用加权平均法计算，公式如式（4－18）所示：

$$\eta_{灌区} = \frac{\sum_{j=1}^{m} \eta_{ij} \cdot A_{ij}}{A} \tag{4-18}$$

式中 $\eta_{灌区}$——灌区灌溉水利用系数；

η_{ij}——第 i 种作物第 j 种灌溉方式下的灌溉水利用系数；

A_{ij}——第 i 种作物第 j 种灌溉方式下的灌溉面积，万亩；

A——灌区总灌溉面积，万亩。

4.2.2 地区灌溉水利用系数

地区灌溉水利用系数根据灌区的灌溉水利用系数及其灌溉面积，采用加权平均法计算，公式如式（4－19）所示：

$$\eta_{地区} = \frac{\sum_{i=1}^{m} \eta_{i} \cdot A_{i}}{A} \tag{4-19}$$

式中 $\eta_{地区}$——地区灌溉水利用系数；

η_{i}——第 i 个灌区的灌溉水利用系数；

A_{i}——第 i 个灌区的灌溉面积，万亩；

A——地区总灌溉面积，万亩。

第5章 样点灌区作物蒸发蒸腾量与有效降水量模拟计算

作物腾发量和有效降水量是按水量平衡法计算样点灌区净灌溉定额的基本数据。本报告采用利用气象数据和作物参数，采用世界上普遍使用的联合国粮农组织推荐方法（FAO－56，1998），计算出各样点灌区的作物腾发量。根据典型测试田块处降水前后实测土壤含水率资料，计算不同降水量级别下的有效降水量，再经区域综合模拟，确定出适合于各地区日有效降水量的计算模式，用于进行各样点灌区的日有效降水量计算。

5.1 作物蒸发蒸腾量计算

5.1.1 参考作物腾发量 ET_0 权重

为了保证各样点灌区参考作物腾发量的估算精度，在样点灌区周边主要气象站收集日最高气温、日最低气温、日平均气温、日平均相对湿度、日平均风速、日降水量、日水面蒸发量等气象数据以及地理位置坐标，采用联合国粮农组织推荐修正彭曼-蒙特斯公式（FAO－56，1998）计算出参证站处的日参考作物腾发量。在此基础上采用距离反比法估算各样点灌区的参考作物腾发量 ET_0 权重，进而计算各样点灌区作物全生育期参考作物腾发量。

5.1.1.1 通辽市

按通辽市所选择的样点灌区位置，收集了灌区周边的敖汉旗、阿鲁科尔沁旗、奈曼旗、科尔沁区、开鲁县、库伦旗、扎鲁特旗、科尔沁左翼中旗、科尔沁左翼后旗共9个气象站2013年和2014年作物全生育期的气象数据。基本信息见表5－1，按距离反比法插值的权重见表5－2～表5－6。

表5－1 通辽市样点灌区周边主要气象站基本信息

气象站名称	海拔/m	地理坐标	
		纬度	经度
阿鲁科尔沁旗	374.9	43°52′	120°06′
敖汉旗	588.2	42°16′	119°55′
奈曼旗	362.9	42°51′	120°39′
科尔沁区	178.5	43°36′	122°16′
开鲁县	241.0	43°36′	121°17′
科尔沁左翼后旗	248.1	45°58′	122°21′

续表

气象站名称	海拔/m	地理坐标	
		纬度	经度
科尔沁左翼中旗	145.8	44°08′	123°17′
库伦旗	297.8	42°44′	121°45′
扎鲁特旗	265.0	44°34′	120°54′

表 5-2　通辽市奈曼旗各样点灌区应用的气象站名及其权重

灌区名称	样点灌区	样点灌区估值时采用的气象站及其估值权重						
		阿鲁科尔沁旗	敖汉旗	奈曼旗	科尔沁区	开鲁县	库伦旗	科尔沁左翼后旗
奈曼旗	舍力虎农 13 号	0.0089	0.0265	0.9630	0.0003	0.0005	0.0004	0.0003
	舍力虎农 14 号	0.0068	0.0191	0.9729	0.0003	0.0004	0.0003	0.0002
	希勃图 11 号	0.0441	0.0426	0.9079	0.0012	0.0017	0.0015	0.0010
	希勃图 13 号	0.0437	0.0421	0.9088	0.0012	0.0017	0.0015	0.0010
	代筒村 1 号	0.0029	0.0028	0.0035	0.0684	0.7254	0.1863	0.0108
	代筒村 2 号	0.0028	0.0027	0.0033	0.0674	0.7324	0.1809	0.0105
	伊和乌素 1 号	0.0923	0.0684	0.8286	0.0024	0.0034	0.0030	0.0020
	伊和乌素 2 号	0.0921	0.0685	0.8286	0.0024	0.0034	0.0030	0.0020
	伊科学灌溉点	0.0927	0.0692	0.8270	0.0024	0.0035	0.0031	0.0021

表 5-3　通辽市科尔沁左翼中旗各样点灌区应用的气象站名及其权重

灌区名称	样点灌区	样点灌区估值时采用的气象站及其估值权重				
		科尔沁区	开鲁县	扎鲁特旗	科尔沁左翼后旗	科尔沁左翼中旗
科尔沁左翼中旗	扎如德仓 1 号	0.5800	0.2763	0.0033	0.0209	0.1195
	扎如德仓 2 号	0.5776	0.2782	0.0033	0.0210	0.1199
	巴彦柴达木 6 号	0.2256	0.0257	0.0012	0.0106	0.7370
	巴彦柴达木 7 号	0.2429	0.0269	0.0012	0.0109	0.7180
	巨宝山 1 号	0.0309	0.0052	0.0003	0.0027	0.9608
	巨宝山 2 号	0.0336	0.0056	0.0003	0.0029	0.9576
	巨科学灌溉点	0.0313	0.0053	0.0003	0.0028	0.9604

表 5-4　通辽市科尔沁区丰田镇各样点灌区应用的气象站名及其权重

灌区名称	样点灌区	样点灌区估值时采用的气象站及其估值权重				
		开鲁县	科尔沁左翼中旗	科尔沁区	扎鲁特旗	库伦旗
科尔沁区丰田镇	建新 1 号	0.0360	0.0003	0.9630	0.0003	0.0004
	丰田 1 号	0.0263	0.0002	0.9729	0.0003	0.0003
	西富 1 号	0.0884	0.0010	0.9079	0.0012	0.0015
	西富 2 号	0.0884	0.0010	0.9079	0.0012	0.0015
	建新 2 号	0.0360	0.0003	0.9630	0.0003	0.0004
	丰田 2 号	0.0263	0.0002	0.9729	0.0003	0.0003
	建新 3 号	0.0360	0.0003	0.9630	0.0003	0.0004

表 5-5 通辽市科尔沁区其他镇各样点灌区应用的气象站名及其权重

灌区名称	样点灌区	样点灌区估值时采用的气象站及其估值权重			
		科尔沁区	开鲁县	科尔沁左翼后旗	科尔沁左翼中旗
科尔沁区	天庆东1号	0.5001	0.3903	0.0187	0.0909
	天庆东2号	0.5151	0.3749	0.0186	0.0914
	天科学灌溉点	0.4702	0.4214	0.0189	0.0896
	木里图1号	0.7596	0.1508	0.0122	0.0773
	木里图2号	0.7507	0.1580	0.0126	0.0787
	大林1号	0.8845	0.0205	0.0050	0.0900
	大林2号	0.8820	0.0208	0.0051	0.0921
	钱家店1号	0.9253	0.0277	0.0042	0.0427
	钱家店2号	0.9252	0.0276	0.0042	0.0429

表 5-6 开鲁县各样点灌区应用的气象站名及其权重

灌区名称	样点灌区	样点灌区估值时采用的气象站及其估值权重				
		科尔沁区	开鲁县	扎鲁特旗	阿鲁科尔沁旗	科尔沁左翼中旗
开鲁县	里仁东地	0.067	0.889	0.004	0.003	0.036
	里仁西地	0.068	0.888	0.004	0.003	0.036
	道德东地	0.154	0.760	0.010	0.009	0.067
	道德南地	0.154	0.760	0.010	0.009	0.067
	丰收北地	0.022	0.962	0.001	0.004	0.010
	丰收南地	0.020	0.971	0.001	0.000	0.008
	三星西地	0.084	0.874	0.004	0.004	0.035
	三星东地	0.084	0.874	0.004	0.004	0.034
	道德西地	0.081	0.879	0.004	0.003	0.033
	道德北地	0.081	0.879	0.004	0.003	0.033

5.1.1.2 赤峰市

按赤峰市所选择的样点灌区位置，收集了灌区周边的共11个主要气象站2013年和2014年作物生育期的气象数据。基本信息见表5-7，按距离反比法插值的权重见表5-8～表5-10。

表 5-7 赤峰市样点灌区周边主要气象站基本信息

气象站名称	海拔/m	地理坐标	
		纬度	经度
巴林左旗	504.0	43°59′	119°24′
翁牛特旗	634.3	42°56′	119°01′
奈曼旗	362.9	42°51′	120°39′
开鲁县	241.0	43°36′	121°17′

续表

气象站名称	海拔/m	地理坐标	
		纬度	经度
阿鲁科尔沁旗	374.9	43°53′	120°05′
围场	842.8	41°56′	117°45′
朝阳	169.9	41°33′	120°27′
承德	385.9	40°59′	117°57′
赤峰	568.0	42°16′	118°56′
叶百寿	422.0	41°23′	119°42′
宝国图	842.8	41°56′	117°45′

表 5-8　赤峰市松山区各样点灌区应用的气象站名及其权重

灌区名称	样点灌区	样点灌区估值时采用的气象站及其估值权重					
		赤峰市	开鲁县	翁牛特旗	围场	承德	朝阳
松山区	杨树沟门村	0.8070	0.0009	0.0568	0.0903	0.0252	0.0197
	南平房村 1 号	0.9322	0.0003	0.0434	0.0137	0.0046	0.0058
	小木头沟村	0.9002	0.0004	0.0664	0.0190	0.0063	0.0078
	石匠沟村	0.9001	0.0004	0.0661	0.0194	0.0063	0.0076
	画匠沟门村	0.8407	0.0008	0.0501	0.0710	0.0206	0.0169
	南平房村 2 号	0.9383	0.0003	0.0391	0.0129	0.0043	0.0052

表 5-9　赤峰市阿鲁科尔沁旗各样点灌区应用的气象站名及其权重

灌区名称	样点灌区	样点灌区估值时采用的气象站及其估值权重				
		阿鲁科尔沁旗	奈曼旗	巴林左旗	开鲁县	翁牛特旗
阿鲁科尔沁旗	通希	0.6185	0.1503	0.1499	0.0029	0.0782
	乌拉嘎	0.6492	0.1588	0.1277	0.0038	0.0603

表 5-10　赤峰市宁城县甸子灌区各样点灌区应用的气象站名及其权重

灌区名称	样点灌区	样点灌区估值时采用的气象站及其估值权重					
		叶百寿	宝国图	承德	赤峰	朝阳	围场
宁城县	朝阳山	0.233	0.093	0.178	0.225	0.120	0.150
	西五家子	0.238	0.093	0.177	0.223	0.122	0.148
	榆树林子	0.269	0.096	0.147	0.230	0.127	0.130
	巴里营子	0.251	0.950	0.159	0.232	0.124	0.139
	三姓庄	0.286	0.098	0.132	0.234	0.130	0.121
	红庙子	0.306	0.098	0.126	0.222	0.132	0.115
	科学灌溉点	0.233	0.093	0.178	0.225	0.120	0.150

5.1.1.3　乌兰察布市

按乌兰察布市所选择的样点灌区位置，收集了各样点灌区周边呼和浩特、集宁、丰镇、商都、大同、张家口共6个主要气象站2014年作物生育期的气象数据。基本信息见表5-11，按距离反比法插值的权重见表5-12、表5-13。

表5-11 乌兰察布市样点灌区周边主要气象站基本信息

气象站名称	海拔/m	地理坐标	
		纬度	经度
呼和浩特	1063.0	40°49′	111°41′
集宁	1419.3	41°02′	113°04′
丰镇	1193.0	40°26′	113°09′
商都	1389.6	41°33′	113°33′
大同	1067.2	40°06′	113°20′
张家口	724.2	40°47′	114°53′

表5-12 乌兰察布市丰镇灌区各样点灌区应用的气象站名及其权重

灌区名称	样点灌区	样点灌区估值时采用的气象站及其估值权重				
		呼和浩特	集宁	丰镇	大同	张家口
丰镇市	孔家窑	0.0118	0.0901	0.2535	0.0798	0.5648
	小庄科	0.0146	0.1027	0.2620	0.1044	0.5163
	元山村	0.0098	0.0423	0.6412	0.1793	0.1275

表5-13 乌兰察布市灌区各样点灌区应用的气象站名及其权重

灌区名称	样点灌区	样点灌区估值时采用的气象站及其估值权重			
		呼和浩特	集宁	丰镇	商都
察哈尔右翼前旗	小土城村	0.01	0.94	0.02	0.03
察哈尔右翼后旗	贲红村1号井	0.03	0.54	0.06	0.36
	贲红村2号井	0.03	0.53	0.06	0.37
	古丰村	0.03	0.56	0.07	0.34
商都县	王殿金村	0.01	0.08	0.02	0.89

5.1.1.4 扎兰屯市

按扎兰屯市所选择的样点灌区位置，收集了各样点灌区周边博克图、海拉尔、小二沟共13个主要气象站2014年作物生育期的气象数据。13个主要气象站和各样点灌区的基本信息见表5-14。按地理位置计算的距离反比法权重见表5-15。

表5-14 扎兰屯市样点灌区周边主要气象站基本信息

气象站名称	海拔/m	地理坐标	
		纬度	经度
扎兰屯	306.5	48.0	122.7
博克图	739.7	48.8	121.9
海拉尔	610.2	49.2	119.8

续表

气象站名称	海拔/m	地理坐标	
		纬度	经度
小二沟	286.1	49.2	123.7
新巴尔虎左旗	642.0	48.2	118.3
阿尔山	997.2	47.2	119.9
索伦	499.7	46.6	121.2
乌兰浩特	274.7	46.1	122.1
泰来	149.5	46.4	123.4
齐齐哈尔	147.1	47.4	123.9
富裕	162.7	47.8	124.5
嫩江	242.2	49.2	125.2
克山	169.9	41.6	120.5

表 5-15　扎兰屯市灌区各样点灌区应用的气象站名及其权重

灌区名称	样点灌区	样点灌区估值时采用的气象站及其估值权重												
		扎兰屯	博克图	海拉尔	小二沟	新左旗	阿尔山	索伦	乌兰浩特	泰来	齐齐哈尔	富裕	嫩江	克山
扎兰屯市	蘑菇气爱国	0.261	0.059	0.025	0.052	0.018	0.041	0.045	0.060	0.056	0.032	0.029	0.261	0.059
	成吉思汗三队	0.313	0.050	0.020	0.041	0.014	0.033	0.035	0.044	0.040	0.024	0.022	0.313	0.050
	成吉思汗七队	0.255	0.061	0.025	0.061	0.018	0.038	0.041	0.055	0.061	0.035	0.031	0.255	0.061
	大河湾向阳	0.184	0.080	0.035	0.052	0.027	0.076	0.080	0.080	0.055	0.034	0.033	0.184	0.080

5.1.1.5　锡林浩特市

按锡林浩特市所选择的样点灌区位置，收集了各样点灌区周边那仁宝力格、东乌珠穆沁旗、林西等共 6 个主要气象站 2014 年作物生育期的气象数据。6 个主要气象站和各样点灌区的基本信息见表 5-16。按地理位置计算的距离反比法权重见表 5-17。

表 5-16　锡林浩特样点灌区周边主要气象站基本信息

气象站名称	海拔/m	地理坐标	
		纬度	经度
那仁宝力格	1181.6	44.62	114.15
东乌珠穆沁旗	838.0	45.52	116.97
林西	799.5	43.06	118.07
锡林浩特	1003.0	43.95	116.12
阿巴嘎旗	1126.1	44.02	114.95
西乌珠穆沁旗	799.5	43.06	118.07

表5-17 锡林浩特市灌区各样点灌区应用的气象站名及其权重

灌区名称	样点灌区	样点灌区估值时采用的气象站及其估值权重					
		那仁宝力格	东乌珠穆沁旗	林西	锡林浩特	阿巴嘎旗	西乌珠穆沁旗
锡林浩特市	一连	0.063	0.086	0.086	0.556	0.103	0.106
	九连	0.071	0.086	0.095	0.524	0.118	0.107
	毛登1号	0.078	0.133	0.116	0.392	0.117	0.166
	毛登2号	0.078	0.133	0.115	0.391	0.117	0.166
	白音1号	0.096	0.118	0.081	0.433	0.162	0.111
	白音2号	0.095	0.119	0.082	0.432	0.16	0.112
	科学灌溉点	0.078	0.133	0.115	0.391	0.117	0.166

5.1.2 作物腾发量计算

5.1.2.1 通辽市

1. 作物生育期确定

通辽市灌区各典型样点灌区不同作物生育期划分均根据实测作物生育阶段进行划分，其结果见表5-18。

表5-18 通辽市样点灌区作物生育期划分

灌区名称	样点灌区	种植作物	生育期划分				生育期天数/d
			生长初期	快速生长期	生长中期	生长后期	
奈曼旗	舍力虎	玉米	5.3—5.27	5.28—7.4	7.5—8.23	8.24—9.17	138
	希勃图	玉米	5.9—6.2	6.3—7.10	7.11—8.29	8.30—9.23	138
	伊和乌素	玉米	5.1—5.25	5.26—7.2	7.3—8.21	8.22—9.15	138
	代筒	玉米	5.2—5.26	5.27—7.3	7.4—8.22	8.23—9.16	138
科尔沁左翼中旗	扎如德仓	玉米	4.30—5.24	5.25—7.1	7.2—8.20	8.21—9.14	138
	巴彦柴达木	玉米	5.6—5.30	5.31—7.7	7.8—8.26	8.27—9.20	138
	巨宝山	玉米	5.4—5.28	5.29—7.5	7.6—8.24	8.25—9.18	138
科尔沁区	天庆东	玉米	5.6—5.30	5.31—7.7	7.8—8.26	8.27—9.20	138
	建新	玉米	5.19—6.19	6.20—7.22	7.23—8.24	8.25—9.26	131
	丰田	玉米	5.13—6.16	6.17—7.19	7.20—8.31	9.1—9.22	132
	西富	玉米	5.17—6.16	6.17—7.19	7.20—8.30	8.31—9.24	131
	木里图	玉米	5.5—5.31	6.1—7.8	7.9—8.24	8.25—9.19	137
	大林	玉米	5.8—5.30	5.31—7.8	7.9—8.26	8.27—9.27	138
	钱家店	玉米	5.10—6.3	6.4—7.10	7.11—8.30	8.31—9.25	134
开鲁县	里仁	玉米	5.24—6.25	6.26—7.28	7.29—9.8	9.9—9.30	132
	道德	红干椒	5.25—6.5	6.6—7.6	7.7—8.5	8.6—9.8	106
	丰收	玉米	5.23—6.24	6.25—7.27	7.28—9.7	9.8—9.29	132
	三星	玉米	5.21—6.22	6.23—7.25	7.26—9.5	9.6—9.28	133

2. 作物系数 K_{ci} 确定

利用FAO推荐采用分段单值平均法确定作物系数，即把全生育期的作物系数变化过程概化为4个阶段。依据通辽市各样点灌区的气候、土壤、作物、灌溉条件以及作物的种植时间，按FAO推荐的84种作物标准作物系数及其修正公式，经修正和区域综合分析，最终确定不同作物各生育期的作物系数，见表5-19。

表5-19　通辽市样点灌区不同作物各生育期的作物系数

种植作物	生长初期	快速生长期	生长中期	生长后期
玉米	0.38	0.675	1.20	0.54
红干椒	0.60	0.875	1.15	0.95

3. 作物实际腾发量 ET_c 计算

按样点灌区日参考作物腾发量 ET_0、不同作物生育期及其作物系数 K_{ci}，利用公式 $ET_c=\sum ET_{ci}=\sum K_{ci}\times ET_{0i}$ 即可计算出通辽市各样点灌区每种测试作物的实际腾发量 ET_c。见表5-20～表5-23。

表5-20　通辽市奈曼旗样点灌区参考作物蒸发量及实际腾发量计算结果

灌区名称	样点灌区	种植作物	ET_0/mm					ET_c/mm				
			生长初期	快速生长期	生长中期	生长后期	合计	生长初期	快速生长期	生长中期	生长后期	合计
奈曼旗	舍力虎农13号	玉米	99.32	188.35	239.91	90.16	617.75	40.72	155.86	287.89	78.78	563.25
	舍力虎农14号	玉米	99.24	188.25	239.56	90.05	617.10	40.69	155.76	287.47	78.68	562.61
	希勃图11号	玉米	117.70	183.29	234.61	84.52	620.12	48.26	155.85	281.54	73.99	559.64
	希勃图13号	玉米	117.71	183.30	234.61	84.52	620.14	48.26	155.87	281.53	73.99	559.65
	代筒村1号	玉米	98.77	194.77	248.73	101.54	643.81	40.50	161.73	298.48	87.54	588.25
	代筒村2号	玉米	98.79	194.95	248.87	101.63	644.25	40.50	161.90	298.65	87.63	588.68
	伊和乌素1号	玉米	97.93	189.79	245.73	93.49	626.94	40.15	156.66	294.88	81.86	573.55
	伊和乌素2号	玉米	97.94	189.79	245.72	93.49	626.93	40.15	156.66	294.87	81.86	573.54
	伊科学灌溉点	玉米	97.94	189.80	245.77	93.50	627.00	40.16	156.67	294.92	81.87	573.61

表5-21　通辽市科尔沁左翼中旗样点灌区参考作物蒸发量及实际腾发量计算结果

灌区名称	样点灌区	种植作物	ET_0/mm					ET_c/mm				
			生长初期	快速生长期	生长中期	生长后期	合计	生长初期	快速生长期	生长中期	生长后期	合计
科尔沁左翼中旗	扎如德仓1号	玉米	94.10	184.93	240.82	103.14	622.99	38.58	153.46	288.98	89.07	570.09
	扎如德仓2号	玉米	94.09	184.92	240.73	103.11	622.85	38.58	153.45	288.88	89.04	569.95
	巴彦柴达木6号	玉米	100.65	186.26	227.36	97.17	611.43	41.27	156.72	272.83	84.83	555.63
	巴彦柴达木7号	玉米	100.86	186.40	227.13	97.12	611.51	41.35	156.84	272.55	84.77	555.52
	巨宝山1号	玉米	91.17	186.82	232.92	98.98	609.90	37.38	155.79	279.51	85.86	558.54
	巨宝山2号	玉米	91.20	186.84	232.88	98.98	609.91	37.39	155.81	279.46	85.86	558.52
	巨科学灌溉点	玉米	91.17	186.82	232.92	98.98	609.90	37.38	155.79	279.50	85.86	558.53

表5-22 通辽市科尔沁区样点灌区参考作物蒸发量及实际腾发量计算结果

灌区名称	样点灌区	种植作物	ET_0/mm					ET_c/mm				
			生长初期	快速生长期	生长中期	生长后期	合计	生长初期	快速生长期	生长中期	生长后期	合计
科尔沁区	天庆东1号	玉米	109.14	192.87	228.39	98.04	628.44	44.75	162.93	274.07	85.48	567.22
	天庆东2号	玉米	109.06	192.73	227.91	97.88	627.58	44.72	162.79	273.49	85.34	566.33
	天科学灌溉点	玉米	109.28	191.46	227.45	97.77	625.95	44.80	161.51	272.94	85.17	564.42
	西富1号	玉米	157.20	184.17	157.24	108.60	606.77	73.89	156.55	193.40	74.63	498.46
	西富2号	玉米	174.42	179.97	208.31	51.67	633.64	81.98	152.97	256.22	35.65	526.82
	丰田1号	玉米	154.39	179.34	189.41	72.38	543.09	72.56	152.44	232.98	49.94	507.92
	丰田2号	玉米	154.39	179.34	189.41	72.38	543.09	72.56	152.44	232.98	49.94	507.92
	建新1号	玉米	157.36	179.99	205.14	82.49	624.99	73.96	152.99	252.33	56.92	536.20
	建新2号	玉米	156.67	179.08	186.54	99.67	621.89	73.63	152.22	229.44	68.77	524.06
	建新3号	玉米	166.93	181.67	148.98	106.84	604.42	78.46	154.42	183.24	73.72	489.84
	木里图1号	玉米	124.58	199.09	238.34	95.75	657.76	47.34	134.39	286.01	51.71	519.44
	木里图2号	玉米	124.59	199.09	237.87	95.42	656.97	47.34	134.39	285.44	51.53	518.70
	大林1号	玉米	107.14	206.99	258.43	112.35	684.91	40.71	139.72	310.12	60.67	551.22
	大林2号	玉米	107.14	206.99	258.43	112.35	684.91	40.71	139.72	310.12	60.67	551.22
	钱家店1号	玉米	126.22	193.48	263.70	87.70	671.10	47.96	130.60	316.44	47.36	542.36
	钱家店2号	玉米	126.22	193.48	263.70	87.70	671.10	47.96	130.60	316.44	47.36	542.36

表5-23 通辽市开鲁县样点灌区参考作物蒸发量及实际腾发量计算结果

灌区名称	样点灌区	种植作物	ET_0/mm					ET_c/mm				
			生长初期	快速生长期	生长中期	生长后期	合计	生长初期	快速生长期	生长中期	生长后期	合计
开鲁县	里仁东地	玉米	168.28	181.24	124.79	45.91	520.21	79.09	154.05	153.49	31.68	418.31
	里仁西地	玉米	168.28	181.24	124.79	45.91	520.21	79.09	154.05	153.49	31.68	418.31
	丰收北地	玉米	162.53	178.38	115.32	42.04	498.27	76.39	151.63	141.85	29.01	398.87
	丰收南地	玉米	162.53	178.38	115.32	42.04	498.27	76.39	151.63	141.85	29.01	398.87
	道德东地	红干椒	74.20	157.36	144.93	92.86	469.34	44.52	137.69	166.67	88.22	437.09
	道德南地	红干椒	74.20	157.36	144.93	92.86	469.34	44.52	137.69	166.67	88.22	437.09
	三星西地	玉米	165.73	181.04	124.15	45.67	516.59	77.89	153.88	152.71	31.51	415.99
	三星东地	玉米	165.73	181.04	124.15	45.67	516.59	77.89	153.88	152.71	31.51	415.99
	道德西地	红干椒	70.38	156.70	151.41	96.70	475.20	42.23	137.11	174.13	91.87	445.34
	道德北地	红干椒	70.38	156.70	151.41	96.70	475.20	42.23	137.11	174.13	91.87	445.34

5.1.2.2 赤峰市

1. 作物生育期确定

赤峰市各样点灌区不同作物生育期划分结果见表5-24和表5-25。

表 5-24　赤峰市松山区与宁城县样点灌区作物生育期划分结果

灌区名称	样点灌区	种植作物	生育期划分				生育期天数/d
			生长初期	快速生长期	生长中期	生长后期	
松山区	杨树沟门村	玉米	4.25—5.20	5.21—6.26	6.27—8.12	8.13—9.5	134
	画匠沟门村	玉米	4.25—5.20	5.21—6.26	6.27—8.12	8.13—9.5	134
	南平房村1号	玉米	5.11—6.5	6.6—7.12	7.13—8.28	8.29—9.21	134
	小木头沟村	玉米	5.16—6.10	6.11—7.17	7.18—9.2	9.3—9.26	134
	石匠沟村	玉米	5.10—6.4	6.5—7.11	7.12—8.27	8.28—9.20	134
	南平房村2号	玉米	5.7—6.1	6.2—7.8	7.9—8.24	8.25—9.17	134
宁城县	朝阳山	玉米	5.3—6.1	6.2—7.12	7.13—8.22	8.23—9.13	134
	西五家	玉米	5.5—6.1	6.2—7.12	7.13—8.22	8.23—9.13	132
	榆树林子	玉米	5.2—6.1	6.2—7.12	7.13—8.22	8.23—9.13	135
	巴里营子	玉米	5.6—6.1	6.2—7.12	7.13—8.22	8.23—9.13	131
	三姓庄	玉米	5.7—6.1	6.2—7.12	7.13—8.22	8.23—9.13	130
	红庙子	玉米	5.1—6.1	6.2—7.12	7.13—8.22	8.23—9.13	136
	科学灌溉点	玉米	5.3—6.1	6.2—7.12	7.13—8.22	8.23—9.13	134

表 5-25　赤峰市阿鲁科尔沁旗样点灌区作物生育期划分结果

灌区名称	样点灌区	种植作物	茬数	生育期划分				生育期天数/d
				生长初期	快速生长期	生长中期	生长后期	
阿鲁科尔沁旗	通希	紫花苜蓿	第一茬	4.12—4.21	4.22—5.21	5.22—6.15	6.16—6.25	75
			第二茬	6.26—6.30	7.1—7.20	7.21—7.30	7.31—8.9	45
	乌拉嘎	紫花苜蓿	第三茬	8.10—8.14	8.14—9.3	9.4—9.13	9.14—9.23	45
			保根育苗期	9.24—9.28	9.29—10.15			22

2. 作物系数 K_{ci} 确定

赤峰市不同作物各生育期的作物系数见表 5-26。

表 5-26　赤峰市样点灌区不同作物各生育期的作物系数

作　物	生长初期	快速生长期	生长中期	生长后期
玉米	0.25	0.68	1.10	0.50
紫花苜蓿（单独收割）	0.40	0.76	1.15	1.10

3. 作物实际腾发量 ET_c 计算

赤峰市不同地区各样点灌区不同测试作物的实际腾发量计算结果见表 5-27～表 5-29。

表 5-27　　赤峰市松山区样点灌区参考作物蒸发量及实际腾发量计算结果

灌区名称	样点灌区	种植作物	ET_0/mm					ET_c/mm				
			生长初期	快速生长期	生长中期	生长后期	合计	生长初期	快速生长期	生长中期	生长后期	合计
松山区	杨树沟门村	玉米	105.27	179.01	262.02	106.61	652.91	26.32	119.75	288.22	85.54	519.83
	南平房村1	玉米	131.66	179.91	246.52	86.69	644.78	32.92	130.54	271.17	68.96	503.59
	小木头沟村	玉米	126.64	192.85	236.46	83.59	639.55	31.66	136.22	260.11	67.34	495.33
	石匠沟村	玉米	128.75	179.82	248.06	87.79	644.42	32.19	130	272.87	69.76	504.82
	画匠沟门村	玉米	104.90	178.33	261.94	106.58	651.75	20.98	110.43	275.03	77.54	483.99
	南平房村2	玉米	100.81	161.32	231.73	92.35	586.21	25.20	113.26	254.9	74.67	468.03

表 5-28　　赤峰市阿鲁科尔沁旗样点灌区参考作物蒸发量及实际腾发量计算结果

灌区名称	样点灌区	种植作物	ET_0/mm					ET_c/mm				
			生长初期	快速生长期	生长中期	生长后期	合计	生长初期	快速生长期	生长中期	生长后期	合计
阿鲁科尔沁旗	通希	紫花苜蓿	18.68	71.83	86.28	34.96	211.74	7.47	57.32	99.23	41.37	205.39
			23.82	92.87	53.16	53.99	223.85	9.53	61.89	61.14	60.49	193.05
			25.54	102.53	46.52	43.76	218.34	10.22	68.03	53.49	49.07	180.81
			22.09	56.27			78.36	8.84	36.45			45.28
	乌拉嘎	紫花苜蓿	18.72	71.92	86.41	35.00	212.05	7.49	57.38	99.38	41.42	205.67
			23.85	92.92	53.12	53.79	223.68	9.54	61.90	61.08	60.26	192.78
			25.29	101.61	45.71	43.37	215.97	10.12	67.34	52.56	48.63	178.65
			21.95	56.23			78.18	8.78	36.42			45.20

表 5-29　　赤峰市甸子灌区样点灌区参考作物蒸发量及实际腾发量计算结果

灌区名称	样点灌区	种植作物	ET_0/mm					ET_c/mm				
			生长初期	快速生长期	生长中期	生长后期	合计	生长初期	快速生长期	生长中期	生长后期	合计
宁城县	朝阳山	玉米	124.56	164.15	188.07	53.79	530.57	57.87	143.63	225.68	47.34	474.52
	西五家	玉米	123.79	164.23	188.18	53.83	530.03	47.69	143.70	225.82	46.83	464.04
	榆树林子	玉米	126.73	165.47	189.84	54.36	536.40	56.01	144.79	227.81	48.38	476.98
	巴里营子	玉米	120.92	164.95	189.14	54.13	529.14	56.93	144.33	226.97	48.28	476.51
	三姓庄	玉米	125.19	166.14	190.73	54.64	536.70	55.79	145.37	228.88	48.90	478.94
	红庙子	玉米	116.87	166.37	191.06	54.76	529.06	58.40	145.57	229.27	50.11	483.35
	科学灌溉点	玉米	124.56	164.15	188.07	53.79	530.57	58.41	143.63	225.68	46.80	474.52

5.1.2.3 乌兰察布市

1. 作物生育期的确定

乌兰察布市不同地区各样点灌区不同作物生育期划分均根据实测作物生育阶段进行划分的，见表 5-30。

表 5-30　乌兰察布市样点灌区不同作物生育期划分结果

灌区名称	样点灌区	种植作物	生育期划分				生育期天数/d
			生长初期	快速生长期	生长中期	生长后期	
丰镇市	孔家窑	葵花	5.31—6.27	6.28—8.6	8.7—9.6	9.7—9.22	115
	小庄科	土豆	5.10—5.30	5.31—7.1	7.2—8.25	8.26—9.28	142
	元山村	玉米	4.27—5.21	5.22—6.29	6.30—8.14	8.15—9.13	140
察哈尔右翼前旗	小土城子	马铃薯	5.1—5.25	5.26—6.26	6.27—8.10	8.11—9.10	130
察哈尔右翼后旗	贲红村1号井	马铃薯	5.4—5.29	5.30—6.30	7.1—8.14	8.15—9.14	130
	贲红村2号井	葵花	5.15—6.9	6.10—7.15	7.16—8.30	8.31—9.24	130
	古丰村1号井	洋葱	5.31—6.19	6.20—8.4	8.5—9.4	9.5—9.23	115
商都县	王殿金村1号井	马铃薯	5.10—6.4	6.5—7.5	7.6—8.20	8.21—9.20	130

2. 作物系数 K_{ci} 的确定

乌兰察布市不同作物各生育期的作物系数见表5-31。

表 5-31　乌兰察布市不同作物各生育期的作物系数

灌区名称	作物	生长初期	快速生长期	生长中期	生长后期
丰镇市	玉米	0.65	0.94	1.22	0.94
	马铃薯	0.45	0.77	1.10	0.93
	葵花	0.25	0.48	1.15	0.86
察哈尔右翼前旗	马铃薯	0.5	0.825	1.15	0.75
察哈尔右翼后旗	马铃薯	0.5	0.825	1.15	0.75
	葵花	0.35	0.85	1.1	0.85
	洋葱	0.7	0.85	1	0.85
商都县	马铃薯	0.5	0.825	1.15	0.75

3. 作物实际腾发量 ET_c 的计算

乌兰察布市不同地区各样点灌区不同测试作物的实际腾发量计算结果见表5-32。

表 5-32　乌兰察布市样点灌区参考作物蒸发量及实际腾发量计算结果

灌区名称	样点灌区	种植作物	ET_0/mm					ET_c/mm				
			生长初期	快速生长期	生长中期	生长后期	合计	生长初期	快速生长期	生长中期	生长后期	合计
丰镇市	孔家窑	葵花	132.43	196.01	128.85	42.80	500.09	86.08	183.48	157.19	40.44	467.20
	小庄科	马铃薯	130.70	192.17	195.08	101.03	618.98	58.81	148.79	214.58	93.66	515.84
	元山村	玉米	102.39	187.75	212.48	109.24	611.85	25.60	89.90	244.35	93.83	453.67
察哈尔右翼前旗	小土城	马铃薯	98.53	141.92	116.93	93.14	447.52	47.76	117.08	134.46	69.85	369.17

续表

灌区名称	样点灌区	种植作物	ET_0/mm					ET_c/mm				
			生长初期	快速生长期	生长中期	生长后期	合计	生长初期	快速生长期	生长中期	生长后期	合计
察哈尔右翼后旗	贲红	马铃薯	93.75	140.89	103.68	90.88	429.2	46.87	116.24	119.23	68.15	350.51
	贲红	葵花	93.71	140.85	103.64	90.87	429.08	32.80	119.73	114.00	77.24	343.77
	古丰	洋葱	73.69	142.77	133.33	62.32	412.11	51.58	121.35	133.32	52.97	359.24
商都县	王殿金	马铃薯	94.24	131.29	112.98	94.39	432.91	47.12	108.32	129.94	70.79	356.16

5.1.2.4 扎兰屯市

1. 作物生育期确定

扎兰屯市各样点灌区作物生育期划分均根据实测作物生育阶段进行划分，见表5-33。

表5-33　扎兰屯市样点灌区作物生育期划分结果

灌区名称	样点灌区	种植作物	生育期阶段				生育期天数/d
			生长初期	快速生长期	生长中期	生长后期	
扎兰屯市	蘑菇气爱国	玉米	5.8—6.8	6.9—7.13	7.14—8.25	8.26—9.15	131
	成吉思汗三队	玉米	5.5—6.8	6.9—7.13	7.14—8.25	8.26—9.15	134
	成吉思汗七队	玉米	5.7—6.8	6.9—7.13	7.14—8.25	8.26—9.15	132
	大河湾向阳	玉米	5.6—6.8	6.9—7.13	7.14—8.25	8.26—9.15	133

2. 作物系数 K_{ci} 确定

扎兰屯市不同作物各生育期的作物系数见表5-34。

表5-34　扎兰屯市作物各生育期的作物系数

作物	生长初期	快速生长期	生长中期	生长后期
玉米	0.41	0.85	1.20	0.87

3. 作物实际腾发量 ET_c 计算

扎兰屯市各样点灌区作物的实际腾发量计算结果见表5-35。

表5-35　扎兰屯市市样点灌区参考作物蒸发量及实际腾发量计算结果

灌区名称	样点灌区	种植作物	ET_0/mm					ET_c/mm				
			生长初期	快速生长期	生长中期	生长后期	合计	生长初期	快速生长期	生长中期	生长后期	合计
扎兰屯市	蘑菇气爱国	玉米	84.80	124.42	161.85	51.43	422.50	32.94	105.76	194.22	45.00	377.92
	成吉思汗三队	玉米	92.19	125.05	161.63	50.55	429.42	38.63	106.29	193.96	44.23	383.11
	成吉思汗七队	玉米	87.17	125.35	161.58	49.57	423.67	37.06	106.55	193.90	43.37	380.88
	大河湾向阳	玉米	89.28	124.74	161.54	50.63	426.19	37.80	106.03	193.85	44.30	381.98

5.1.2.5 锡林浩特市

1. 作物生育期确定

锡林浩特市各样点灌区不同作物生育期划分均根据实测作物生育阶段进行划分，见表5-36。

表5-36 锡林浩特市样点灌区作物生育期划分结果

灌区名称	样点灌区	种植作物	生育期阶段				生育期天数/d
			生长初期	快速生长期	生长中期	生长后期	
锡林浩特市	一连	紫花苜蓿	5.12—5.29	5.30—6.17	6.18—7.12	7.13—7.25	75
	九连	紫花苜蓿	5.12—5.29	5.30—6.17	6.18—7.12	7.13—7.25	75
	毛登1号	青贮玉米	5.21—6.15	6.16—7.15	7.16—8.19	8.20—9.7	110
	毛登2号	青贮玉米	5.21—6.15	6.16—7.15	7.16—8.19	8.20—9.7	110
	白音1号	燕麦	5.28—6.16	6.17—7.7	7.8—8.4	8.5—8.18	83
	白音2号	燕麦	5.28—6.16	6.17—7.7	7.8—8.4	8.5—8.18	83
	科学灌溉点	青贮玉米	5.21—6.15	6.16—7.15	7.16—8.19	8.20—9.7	110

2. 作物系数 K_{ci} 确定

锡林浩特市不同作物各生育期的作物系数见表5-37。

表5-37 锡林浩特市作物各生育期的作物系数

作物	生长初期	快速生长期	生长中期	生长后期
紫花苜蓿	0.36	0.64	1.00	0.82
青贮玉米	0.51	0.83	1.20	0.85
燕麦	0.26	0.46	1.20	0.53

3. 作物腾发量 ET_c 计算

锡林浩特市各样点灌区作物的实际腾发量计算结果见表5-38。

表5-38 锡林浩特市样点灌区参考作物蒸发量及实际腾发量计算结果

灌区名称	样点灌区	种植作物	ET_0/mm					ET_c/mm				
			生长初期	快速生长期	生长中期	生长后期	合计	生长初期	快速生长期	生长中期	生长后期	合计
锡林浩特市	一连	紫花苜蓿	54.47	87.04	123.49	66.78	331.78	19.41	56.12	123.49	54.94	253.96
	九连	紫花苜蓿	54.37	86.89	123.55	66.51	331.32	19.41	55.96	123.55	54.71	253.63
	毛登1号	青贮玉米	97.40	130.80	177.08	72.22	477.50	49.96	107.95	212.50	61.39	431.79
	毛登2号	青贮玉米	97.40	130.80	177.08	72.22	477.50	49.96	107.95	212.50	61.39	431.79
	白音1号	燕麦	69.09	94.09	153.90	55.52	372.60	17.85	43.37	184.68	29.59	275.49
	白音2号	燕麦	69.07	94.06	153.87	55.49	372.49	17.83	43.36	184.64	29.57	275.41
	科学灌溉点	青贮玉米	97.40	130.80	177.08	72.22	477.50	49.29	108.62	212.50	61.39	431.79

5.2 有效降水量模拟计算

作物生育期有效降水量的计算，对于利用水量平衡方法准确确定作物需水量以及制定合理的灌溉制度至关重要。本次地下水灌溉效率测试，选择赤峰市宁城县甸子灌区，锡林浩特以及扎兰屯3个区域进行了专门的野外测试试验，并通过模拟，建立了适用于这3个区域有效降水量计算的关系式。由于其他几个地下水灌区没有开展专门的有效降水量模拟试验，因此统一采用FAO－56中降水量与有效降水量的经验公式估算灌区有效降水量。

5.2.1 次有效降水量试验设计

在甸子灌区、扎兰屯灌区和锡林浩特灌区的样点灌区中各选择两个样点灌区开展有效降水量试验，在各有效降水试验点安装雨量筒，人工动态观测次降雨量。提前根据当地天气预报判断降水大小，并于降水前1d和雨后1～2d在有效试验田中均匀分布的9个位置处，在100cm深度范围内，利用土钻每隔10cm取样，放入铝盒用胶带缠封后，送实验室，采用烘干法测试土壤含水率，见表5－39。

表5－39 有效降水量试验点基本情况

灌区名称	有效降水试验点	土壤质地	位 置
宁城县	榆树林子	粉壤土	41°29′59″、119°02′51″
	后章营子	粉砂壤土	41°39′44″、119°08′57″
扎兰屯市	成吉思汗三队	粉砂壤土	47°45′01″、122°56′50″
	大河湾向阳	砂壤土	47°56′12″、123°04′21″
锡林浩特市	一连	粉砂壤土	43°54′10″、116°22′41″
	毛登	粉砂壤土	44°09′51″、116°32′44″

5.2.2 次有效降水量计算模拟

作物次有效降水量采用如下公式计算：

$$P_e=\Delta W+ET_c-G_e \tag{5-1}$$

$$\Delta W=10\times\sum_{i=1}^{n_h}\gamma_i h_i(\theta_{2i}-\theta_{1i}) \tag{5-2}$$

$$ET_c=\sum_{j=1}^{n_d}ET_{cj} \tag{5-3}$$

式中 P_e——次降水有效降雨量，mm；

ΔW——次降水前后计划湿润层内土壤蓄水变化量，mm；

ET_c——测试时段内作物实际腾发量，mm；

G_e——次降水前后土壤含水率地下水利用量，mm；

ET_{cj}——测试时段内第j日作物实际腾发量，mm；

n_d——测试时段总天数，d；

n_h——作物计划湿润层取土样划分层数；

h_i——作物计划湿润层深度内第 i 层土壤厚度，cm；

γ_i——第 i 层土壤容重，g/cm^3；

θ_{1i}——次降水前测定的第 i 层土壤重量含水率；

θ_{2i}——次降水后 1～2d 测定的第 i 层土壤重量含水率。

使用上述公式时，要保证降水期内没有灌溉，如果有灌溉水量应减去净灌溉水量。由此便可计算出甸子灌区、扎兰屯灌区和锡林浩特灌区各有效降雨试验点的次有效降水量，见表 5-40～表 5-42。

表 5-40　　赤峰市宁城县次有效降水量计算结果

灌区名称	有效降水试验点	次降水持续时间/(年．月．日)	次降水量/mm	土壤蓄水变化量/mm	作物实际腾发量/mm	次有效降水量/mm	降水有效利用系数
宁城县	榆树林子	2013.6.25	4.2	0.93	1.18	2.11	0.502
		2013.7.2—5	43.5	19.16	10.33	29.49	0.678
		2013.7.14—16	46.6	21.66	7.44	29.10	0.624
		2013.7.24	24.5	12.91	2.05	14.96	0.611
		2013.8.17	25.1	13.88	2.62	16.50	0.657
		2013.8.28	26.0	15.22	3.12	18.34	0.705
		2013.9.5—7	34.8	16.02	5.96	21.98	0.632
		2014.5.1	20.2	10.22	2.35	12.57	0.621
		2014.5.8—12	42.1	22.53	3.67	26.20	0.622
		2014.5.18	14.0	6.47	2.28	8.75	0.625
		2014.5.24	2.3	0.17	1.10	1.27	0.550
		2014.6.6—9	43.2	25.37	5.09	30.46	0.705
		2014.6.16—17	8.0	1.83	3.37	5.20	0.650
		2014.7.7	4.9	0.68	2.51	3.19	0.650
		2014.8.13—14	14.6	4.46	6.13	10.59	0.725
		2014.8.24	11.5	5.96	2.01	7.97	0.693
		2014.9.2	28.9	18.36	1.35	19.71	0.682
	后章营子	2013.6.24	5.0	1.23	1.40	2.63	0.526
		2013.7.14—16	60.4	27.84	5.33	33.17	0.549
		2013.8.16	37.0	17.55	2.33	19.88	0.537
		2013.9.5—7	32.9	12.55	6.48	19.03	0.578
		2014.5.1	14.2	5.79	2.45	8.24	0.580
		2014.5.8—10	36.5	24.22	3.17	27.39	0.750
		2014.5.19	11.0	5.03	1.53	6.56	0.596
		2014.6.7—10	37.5	25.82	5.12	30.94	0.825
		2014.6.17	26.0	15.28	1.68	16.96	0.652
		2014.7.16	14.6	4.39	4.49	8.88	0.608
		2014.8.13—15	30.9	13.49	10.89	24.38	0.789
		2014.9.2	21.2	14.82	1.35	16.17	0.763

表 5-41　扎兰屯市灌区次有效降雨量计算结果

灌区名称	有效降水试验点	次降水持续时间（年．月．日）	次降水量/mm	土壤蓄水变化量/mm	作物实际腾发量/mm	次有效降水量/mm	降水有效利用系数
扎兰屯市	成吉思汗三队	2014.5.12	7.0	2.15	1.21	3.36	0.480
		2014.5.24—26	37.7	25.33	4.55	29.88	0.793
		2014.6.8—11	80.4	45.33	6.37	51.70	0.643
		2014.6.22—26	36.0	13.46	16.40	29.86	0.829
		2014.7.3—9	98.2	35.38	22.15	57.53	0.586
		2014.7.16—23	35.5	3.12	25.54	28.66	0.808
		2014.8.10—12	17.4	7.29	7.87	15.16	0.870
		2014.8.25—26	40.6	27.95	3.31	31.26	0.770
		2014.9.6—8	45.0	23.14	7.36	30.50	0.678
		2014.5.20—21	8.2	0.84	3.35	4.19	0.511
	大河湾向阳	2014.6.8—11	55.0	24.57	12.70	37.27	0.678
		2014.6.25—27	45.0	24.36	8.21	32.57	0.724
		2014.7.4—10	73.0	21.08	22.56	43.64	0.598
		2014.7.20—24	48.2	15.42	17.19	32.61	0.677
		2014.8.1—2	32.2	15.68	9.11	24.79	0.770
		2014.8.10—13	24.7	7.30	11.08	18.38	0.744
		2014.8.19—20	16.2	5.53	4.38	9.91	0.612
		2014.8.25—27	73.3	35.42	6.29	41.71	0.569
		2014.9.1—4	22.0	5.42	9.79	15.21	0.691

表 5-42　锡林浩特市灌区次有效降雨量计算结果

灌区名称	有效降水试验点	次降水持续时间（年．月．日）	次降水量/mm	土壤蓄水变化量/mm	作物实际腾发量/mm	次有效降水量/mm	降水有效利用系数
锡林浩特市	九连	2014.5.9	22.30	13.95	1.55	15.50	0.695
		2014.5.24	12.80	4.48	2.12	6.60	0.516
		2014.6.6	7.70	1.87	1.30	3.17	0.412
		2014.6.16	2.20	0.00	1.28	1.28	0.582
		2014.6.21	19.90	9.02	2.86	11.88	0.597
		2014.7.7	15.90	8.25	2.17	10.42	0.655
		2014.7.2—3	13.00	2.01	5.42	7.43	0.572
		2014.7.11—13	25.10	7.28	8.55	15.83	0.631
		2014.7.29	6.20	0.58	2.69	3.27	0.527
		2014.8.2	5.24	0.38	2.33	2.71	0.517
	毛登	2014.5.9	18.20	10.52	2.19	12.71	0.698
		2014.5.18	4.70	1.23	1.08	2.31	0.491

续表

灌区名称	有效降水试验点	次降水持续时间（年．月．日）	次降水量/mm	土壤蓄水变化量/mm	作物实际腾发量/mm	次有效降水量/mm	降水有效利用系数
锡林浩特市	毛登	2014.5.24	15.50	7.22	0.87	8.09	0.522
		2014.6.9	11.90	4.06	1.77	5.83	0.490
		2014.6.16	6.20	0.25	2.83	3.08	0.497
		2014.6.21	57.90	20.55	2.33	22.88	0.395
		2014.6.25	28.00	10.27	3.91	14.18	0.506
		2014.7.1	26.50	14.74	3.08	17.82	0.672
		2014.7.7	13.90	3.31	3.84	7.15	0.514
		2014.7.29	8.90	2.08	2.38	4.46	0.501
		2014.8.2	4.30	0.21	2.11	2.32	0.540

根据表 5-40～表 5-42 确定的次降雨量和次有效降水量的计算结果，通过优化方法，分别模拟出宁城县、扎兰屯市和锡林浩特市灌区次有效降水量的计算公式。

宁城县灌区次有效降水量计算公式为

$$P_e=0.5011P^{1.1254}e^{-0.0052P} \tag{5-4}$$

扎兰屯灌区次有效降水量计算公式为

$$P_e=0.1797P^{1.5601}e^{-0.0150P} \tag{5-5}$$

锡林浩特市灌区次有效降水量计算公式为

$$P_e=0.3316P^{1.3042}e^{-0.0149P} \tag{5-6}$$

各灌区次降水量与次有效降水量点据与拟合曲线见图 5-1～图 5-3。

由图 5-1～图 5-3 可以看出，利用次降水量与次有效降水量试验点模拟出的曲线均较好地穿过点群中心。宁城县、扎兰屯市、锡林浩特市次降水试验点与模拟点相关系数分

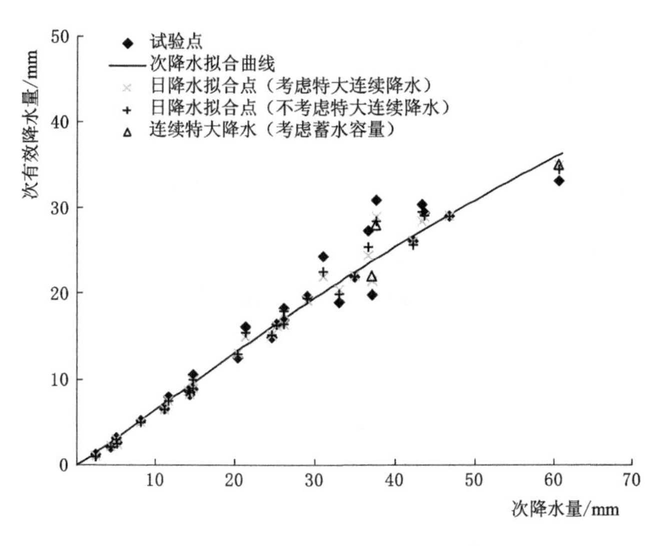

图 5-1　宁城县灌区次有效降水量与次降水量的关系

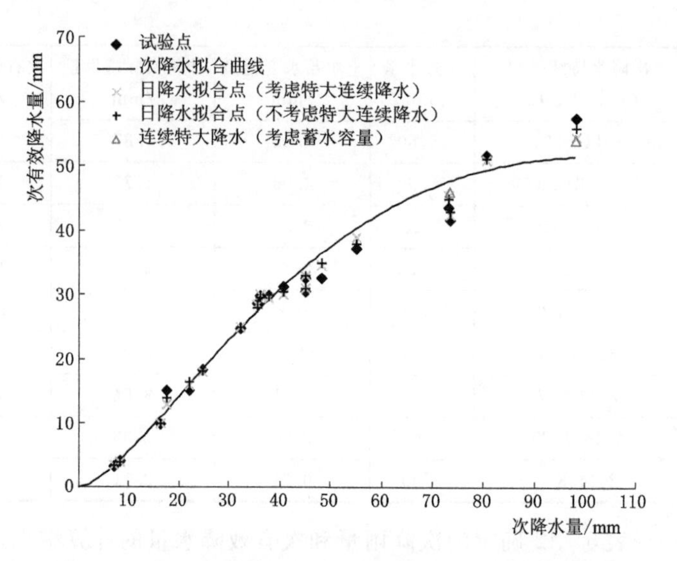

图5-2 扎兰屯市灌区次有效降水量与次降水量的关系

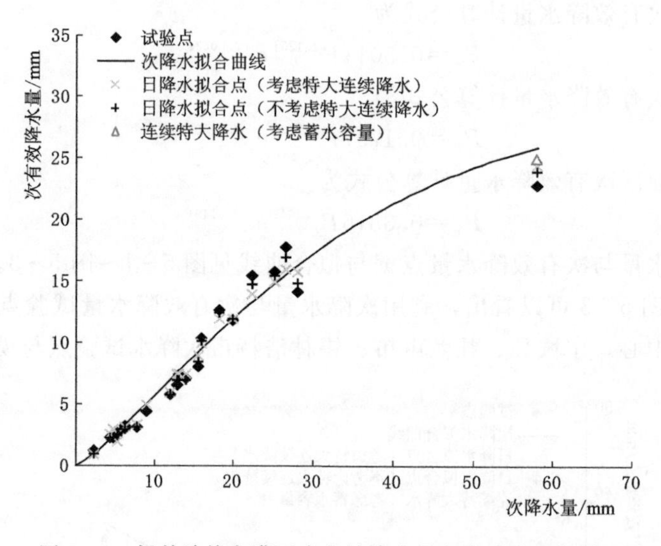

图5-3 锡林浩特市灌区次有效降水量与次降水量的关系

别0.9817、0.9833和0.9825。但普遍存在的问题是个别特大降水量点据与模拟曲线偏离误差较大，为了得到最优关系式，选用日降水量数据，分为考虑特大连续降水与不考虑特大连续降水两种模式，利用优化方法模拟出日有效降水量的关系式。

宁城县灌区考虑特大连续降水时：

$$P_e = 0.5114P^{1.1096}e^{-0.0048P} \tag{5-7}$$

宁城县灌区不考虑特大连续降水时：

$$P_e = 0.5006P^{1.1268}e^{-0.0057P} \tag{5-8}$$

扎兰屯市灌区考虑特大连续降水时：

$$P_e = 0.1825P^{1.5433}e^{-0.0167P} \tag{5-9}$$

扎兰屯市灌区不考虑特大连续降水时：

$$P_e = 0.1793 P^{1.5609} e^{-0.0153P} \tag{4-10}$$

锡林浩特市灌区考虑特大连续降水时：

$$P_e = 0.3412 P^{1.3018} e^{-0.0158P} \tag{5-11}$$

锡林浩特市灌区不考虑特大连续降水时：

$$P_e = 0.3310 P^{1.3047} e^{-0.0162P} \tag{5-12}$$

考虑与不考虑特大连续降水情况下，试验点与模拟点相关系数得到一定程度的提高。但各灌区个别特大降水试验点偏差仍然较大，分析其原因，主要是特大降水模拟时，没有考虑持续降水情况下土壤的蓄水能力，进一步引入土壤蓄水能力后，对 3 个灌区有效降水量重新进行了模拟，可以发现各灌区特大降水量点又得到一定程度的改观。因此，推荐采用考虑特大连续降水模拟模式，同时应考虑试验田块土壤的有效蓄水容量。据此，可以采用相应的模拟方程，推断甸子、扎兰屯市和锡林浩特市灌区各样点灌区全生育期的有效降水量。

5.2.3 不同灌区有效降水量计算

计算与估算各地方不同样点灌区的有效降水量，首先要统计各样点灌区周边气象（雨量）站全生育期的日降水量，然后采用距离反比法，将参证站日降水量插补至各样点灌区处，得到各样点灌区全生育期的日降水量系列。对于甸子、扎兰屯市和锡林浩特市 3 个灌区，采用 5.2.2 节中降水量与有效降水量模拟方程计算不同样点灌区全生育期的有效降水量；对于通辽市灌区、赤峰市其他灌区、乌兰察布市灌区，统一采用 FAO－56 中降水量与有效降水量的经验公式（表 5－43）估算不同样点灌区全生育期的有效降水量。

表 5－43　FAO－56 中降水量与有效降水量的关系

降水量/mm	＜5	5～30	30～50	50～100	100～150	＞150
降水量有效利用系数	0	0.85	0.80	0.75	0.65	0.55

5.2.3.1 通辽市灌区有效降水量计算

通辽市灌区全生育期有效降水量计算结果见表 5－44～表 5－47。

表 5－44　通辽市奈曼旗各样点灌区全生育期有效降水量计算结果

灌区名称	样点灌区	种植作物	有效降水量/mm				
			生长初期	快速生长期	生长中期	生长后期	合计
奈曼旗	舍力虎农 13 号	玉米	55.10	80.75	95.03	30.38	261.26
	舍力虎农 14 号	玉米	55.20	81.09	95.44	30.51	262.23
	希勃图 11 号	玉米	32.52	77.66	96.46	11.59	218.22
	希勃图 13 号	玉米	32.53	77.70	96.67	10.56	217.47
	代筒村 1 号	玉米	40.35	65.34	44.78	12.81	163.28
	代筒村 2 号	玉米	40.31	65.11	45.07	12.81	163.31
	伊和乌素 1 号	玉米	54.57	53.74	108.18	27.08	243.57
	伊和乌素 2 号	玉米	54.58	53.75	108.19	27.08	243.60
	伊科学灌溉点	玉米	54.56	53.73	108.06	27.05	243.39

表 5-45　通辽市科尔沁左翼中旗各样点灌区全生育期有效降水量计算结果

灌区名称	样点灌区	种植作物	有效降水量/mm				
			生长初期	快速生长期	生长中期	生长后期	合计
科尔沁左翼中旗	扎如德仓1号	玉米	39.29	77.92	48.40	15.55	181.16
	扎如德仓2号	玉米	39.28	77.81	48.46	15.57	181.12
	巴彦柴达木6号	玉米	38.88	60.10	90.05	35.40	224.42
	巴彦柴达木7号	玉米	38.53	56.62	88.97	34.63	218.74
	巨宝山1号	玉米	49.24	54.04	94.63	51.68	249.81
	巨宝山2号	玉米	49.17	53.58	94.44	51.53	248.72
	巨科学灌溉点	玉米	49.23	53.55	94.60	51.66	249.05

表 5-46　通辽市科尔沁区各样点灌区全生育期有效降水量计算结果

灌区名称	样点灌区	种植作物	有效降水量/mm				
			生长初期	快速生长期	生长中期	生长后期	合计
科尔沁区	天庆东1号	玉米	29.92	73.52	49.30	12.65	165.39
	天庆东2号	玉米	29.83	74.18	49.32	21.92	175.26
	天科学灌溉点	玉米	29.89	72.21	52.91	6.64	161.65
	建新1号	玉米	94.60	59.54	37.04	31.33	222.54
	丰田1号	玉米	88.75	75.83	49.92	19.16	233.71
	西富1号	玉米	91.25	75.89	49.92	31.37	248.43
	西富2号	玉米	91.25	75.89	49.92	31.37	248.43
	建新2号	玉米	91.27	66.27	63.09	19.16	239.78
	丰田2号	玉米	94.81	59.77	49.92	33.91	238.40
	建新3号	玉米	92.71	63.53	44.86	41.30	242.39
	木里图1号	玉米	31.86	78.72	50.06	11.88	172.52
	木里图2号	玉米	31.86	78.72	50.06	11.88	172.52
	大林1号	玉米	31.25	78.27	53.55	18.47	181.54
	大林2号	玉米	31.25	78.27	53.55	18.47	181.54
	钱家店1号	玉米	32.47	81.74	48.86	16.70	179.78
	钱家店2号	玉米	32.47	81.74	48.86	16.70	179.78

表 5-47　通辽市开鲁县各样点灌区全生育期有效降水量计算结果

灌区名称	样点灌区	种植作物	有效降水量/mm				
			生长初期	快速生长期	生长中期	生长后期	合计
开鲁县	里仁东地	玉米	47.81	30.88	30.19	11.47	120.35
	里仁西地	玉米	47.81	30.88	30.19	11.47	120.35
	丰收北地	玉米	38.93	46.93	30.19	11.85	127.91
	丰收南地	玉米	38.93	46.93	30.19	11.85	127.91

续表

灌区名称	样点灌区	种植作物	有效降水量/mm				
			生长初期	快速生长期	生长中期	生长后期	合计
开鲁县	道德东地	红干椒	0.00	47.82	34.46	23.36	105.64
	三星西地	玉米	38.93	46.93	29.49	9.51	124.87
	三星东地	玉米	38.93	46.93	29.49	9.51	124.87
	道德西地	红干椒	0.93	47.82	34.17	23.79	106.71
	道德北地	红干椒	0.93	47.82	34.17	23.79	106.71

5.2.3.2 赤峰市灌区有效降水量计算

赤峰市灌区全生育期有效降水量计算结果见表5-48～表5-50。

表5-48 赤峰市松山区各样点灌区全生育期有效降水量计算结果

灌区名称	样点灌区	种植作物	有效降水量/mm				
			生长初期	快速生长期	生长中期	生长后期	合计
松山区	杨树沟门村	玉米	20.19	34.51	13.12	29.17	97.00
	南平房村1号	玉米	14.35	33.3	14.75	25.44	87.83
	小木头沟村	玉米	25.99	19.7	33.42	7.34	86.45
	石匠沟村	玉米	13.83	34.03	14.61	25.44	87.91
	画匠沟门村	玉米	20.17	34.72	13.09	29.17	97.15
	南平房村2号	玉米	34.05	58.93	25.95	34.3	153.22

表5-49 赤峰市阿鲁科尔沁旗各样点灌区全生育期有效降水量计算结果

灌区名称	样点灌区	种植作物	有效降水量/mm					
			茬数	生长初期	快速生长期	生长中期	生长后期	合计
阿鲁科尔沁旗	通希	紫花苜蓿	第一茬	0.49	39.24	30.08	18.78	88.58
			第二茬	0.52	29.00	0.68	4.23	34.44
			第三茬	0.75	60.10	8.09	2.31	71.24
			保根育苗期	1.81	5.51			7.31
	乌拉嘎	紫花苜蓿	第一茬	0.57	38.19	29.42	18.78	86.95
			第二茬	0.54	27.60	0.71	4.23	33.08
			第三茬	0.75	60.16	8.08	2.31	71.30
			保根育苗期	1.80	5.51			7.31

表5-50 赤峰市宁城县各样点灌区全生育期有效降水量计算结果

灌区名称	样点灌区	种植作物	有效降水量/mm				
			生长初期	快速生长期	生长中期	生长后期	合计
宁城县	朝阳山	玉米	72.38	56.27	56.96	35.05	220.66
	西五家	玉米	73.28	56.24	56.89	35.19	221.60
	榆树林子	玉米	82.53	55.72	54.95	35.92	229.11

续表

灌区名称	样点灌区	种植作物	有效降水量/mm				
			生长初期	快速生长期	生长中期	生长后期	合计
宁城县	巴里营子	玉米	81.12	55.93	55.66	35.45	228.16
	三姓庄	玉米	75.20	55.46	53.92	36.31	220.90
	红庙子	玉米	79.58	55.36	53.78	36.88	225.60
	科学灌溉点	玉米	72.38	56.27	56.96	35.05	220.66

5.2.3.3 乌兰察布市灌区有效降水量计算

乌兰察布市灌区全生育期有效降水量计算结果见表5-51。

表5-51 乌兰察布市样点灌区全生育期有效降水量计算结果

灌区名称	样点灌区	种植作物	有效降水量/mm				
			生长初期	快速生长期	生长中期	生长后期	合计
丰镇市	孔家窑	葵花	18.79	39.93	28.77	20.21	107.70
	小庄科	马铃薯	19.17	35.35	36.60	47.55	138.67
	元山村	玉米	26.35	22.80	79.09	33.58	161.82
察哈尔右翼前旗	小土城子	马铃薯	43.79	44.32	67.98	54.23	210.32
察哈尔右翼后旗	贲红村1号	马铃薯	39.00	45.70	55.20	44.70	184.60
	贲红村2号	葵花	39.00	45.70	55.20	44.70	184.60
	古丰村1号井	洋葱	26.20	42.50	59.10	37.90	165.70
商都县	王殿金村1号井	马铃薯	41.63	45.89	56.76	41.46	185.74

5.2.3.4 扎兰屯市灌区有效降水量计算

扎兰屯市灌区全生育期有效降水量计算结果见表5-52。

表5-52 扎兰屯市样点灌区全生育期有效降水量计算结果

灌区名称	样点灌区	种植作物	有效降水量/mm				
			生长初期	快速生长期	生长中期	生长后期	合计
扎兰屯市	蘑菇气爱国	玉米	50.29	86.64	101.28	29.95	268.17
	成吉思汗三队	玉米	53.17	83.90	113.68	32.13	282.87
	成吉思汗七队	玉米	55.71	85.44	123.21	31.37	295.75
	大河湾向阳	玉米	53.28	84.03	113.37	33.25	283.91

5.2.3.5 锡林浩特市灌区有效降水量计算

锡林浩特市灌区全生育期有效降水量计算结果见表5-53。

表 5-53 锡林浩特市样点灌区全生育期有效降水量计算结果

灌区名称	样点灌区	种植作物	有效降水量/mm				
			生长初期	快速生长期	生长中期	生长后期	合计
锡林浩特市	一连	紫花苜蓿	8.14	17.41	36.89	3.97	66.42
	九连	紫花苜蓿	8.14	17.40	36.77	4.08	66.39
	毛登1号	青贮玉米	12.47	47.34	16.11	9.17	85.08
	毛登2号	青贮玉米	12.64	48.27	16.35	9.30	86.55
	白音1号	燕麦	14.52	32.36	15.77	7.61	70.26
	白音2号	燕麦	14.53	32.34	15.77	7.62	70.27
	科学灌溉点	青贮玉米	12.64	48.27	16.35	9.30	86.55

第6章 灌溉水利用效率计算分析与评估

6.1 样点灌区灌溉水利用效率计算分析与评估

6.1.1 田间观测试验

6.1.1.1 灌水前后土壤含水率测试

针对每个样点灌区，在灌水前、后均要分层取土样，以测试土壤质量含水率。在每个样点灌区中布设6～9个代表性采样点，灌水前1d和灌后1～2d，每个采样点在100cm深度范围内，利用土钻每隔10cm取样。放入铝盒用胶带缠封后，送实验室，采用烘干法测试土壤含水率。

1. 通辽市

通辽市各灌区部分样点灌区灌水前后土壤含水率分布见图6-1～图6-4。

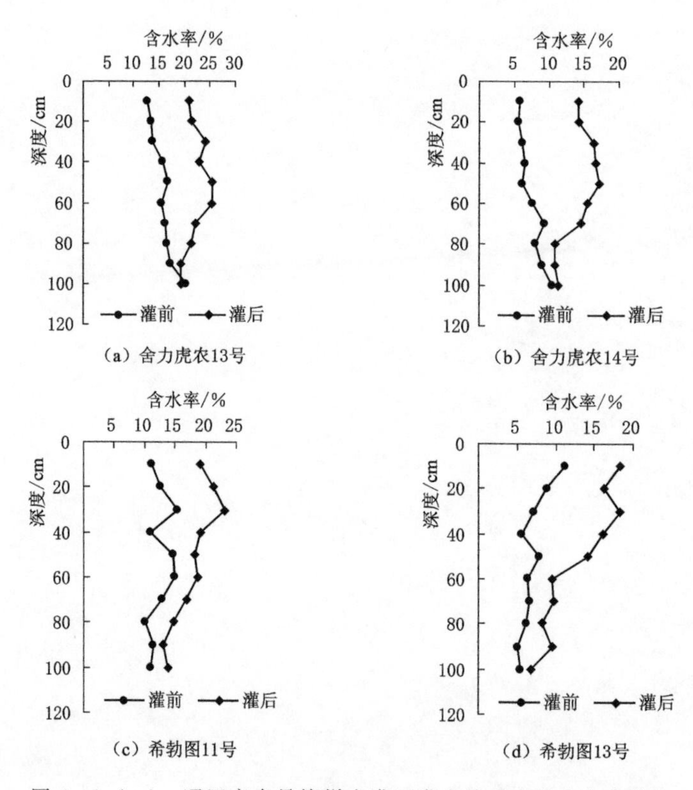

图6-1(一) 通辽市奈曼旗样点灌区灌水前后土壤含水率分布

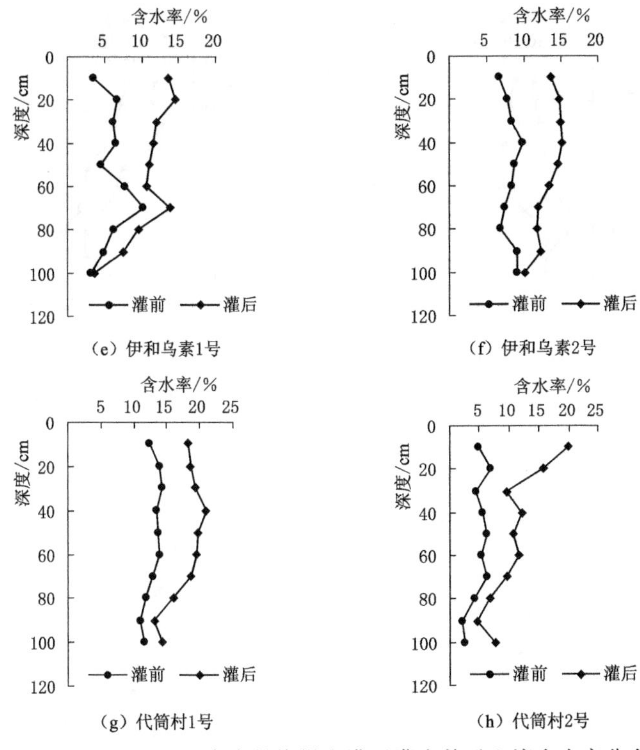

(e) 伊和乌素1号 (f) 伊和乌素2号

(g) 代筒村1号 (h) 代筒村2号

图 6-1（二） 通辽市奈曼旗样点灌区灌水前后土壤含水率分布

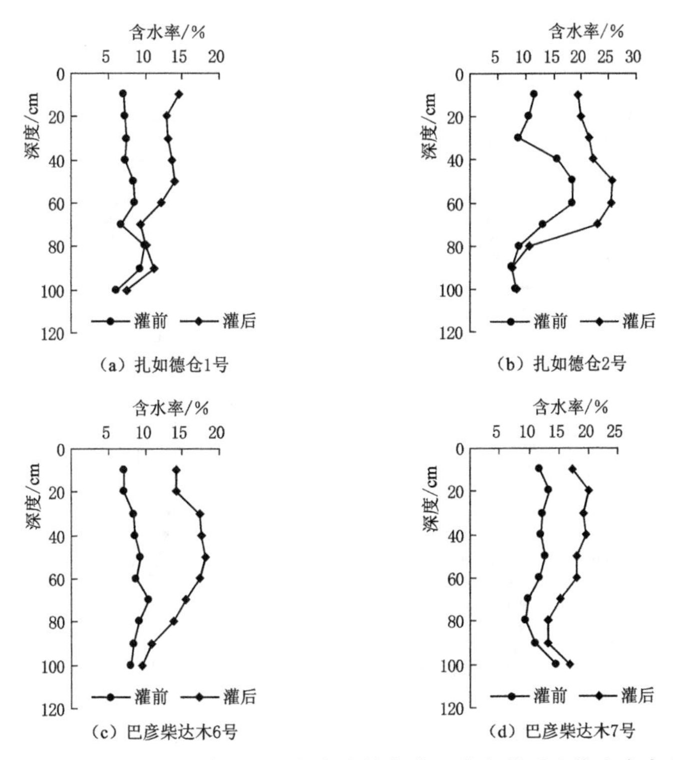

(a) 扎如德仓1号 (b) 扎如德仓2号

(c) 巴彦柴达木6号 (d) 巴彦柴达木7号

图 6-2（一） 通辽市科尔沁左翼中旗样点灌区灌水前后土壤含水率分布

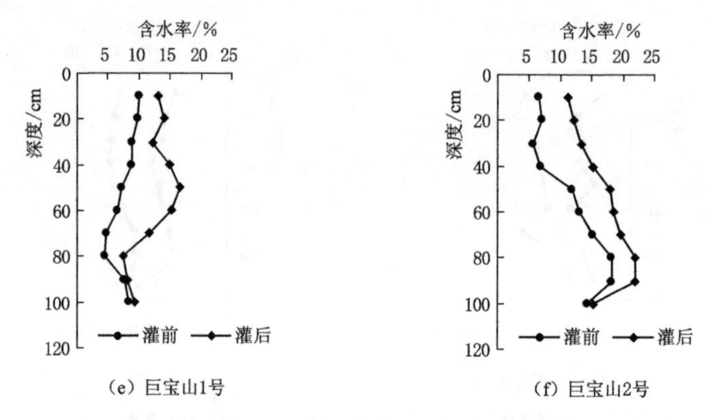

(e) 巨宝山1号

(f) 巨宝山2号

图6-2(二) 通辽市科尔沁左翼中旗样点灌区灌水前后土壤含水率分布

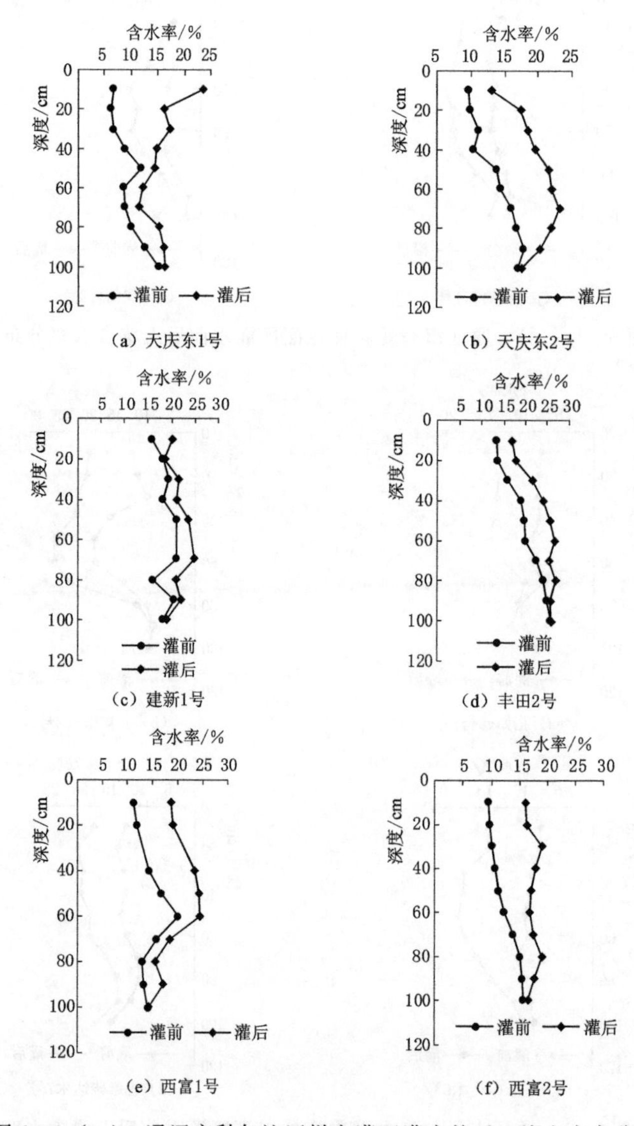

图6-3(一) 通辽市科尔沁区样点灌区灌水前后土壤含水率分布

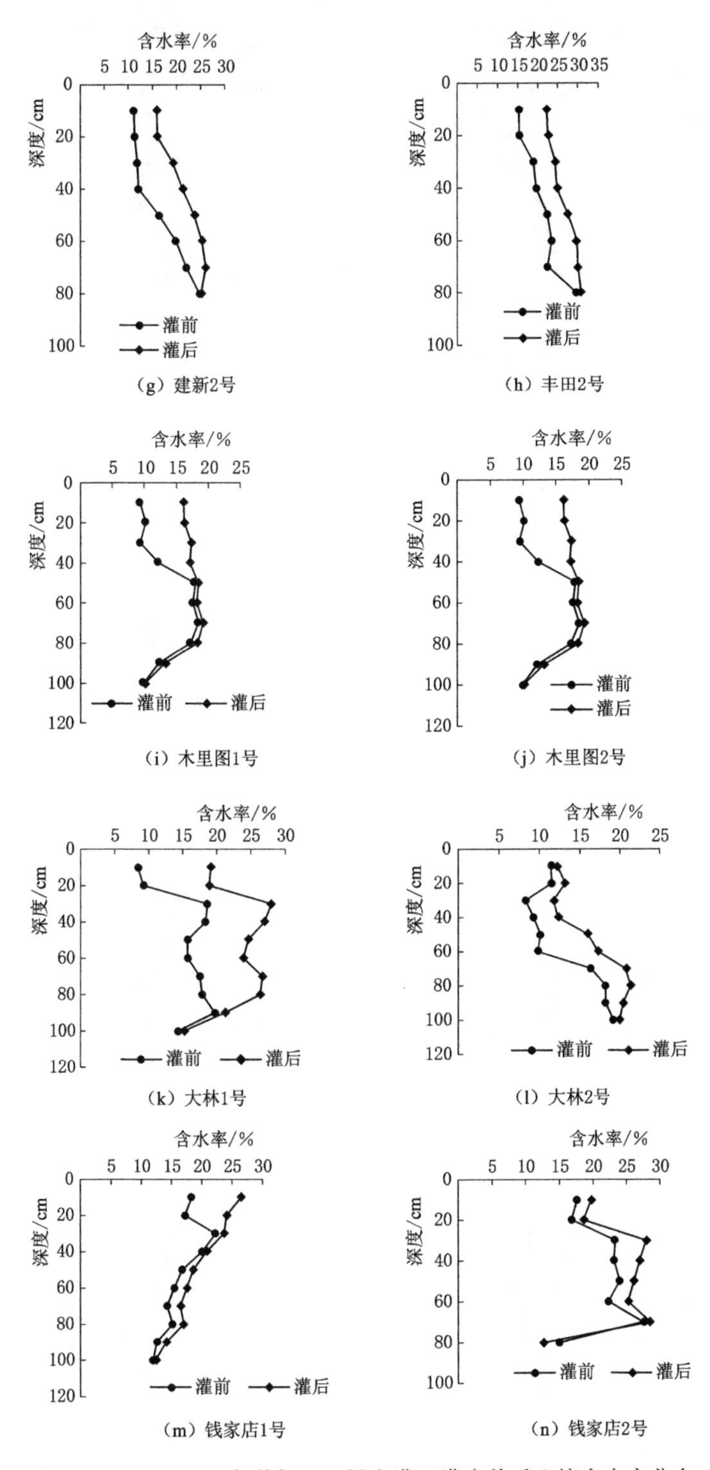

图 6-3（二） 通辽市科尔沁区样点灌区灌水前后土壤含水率分布

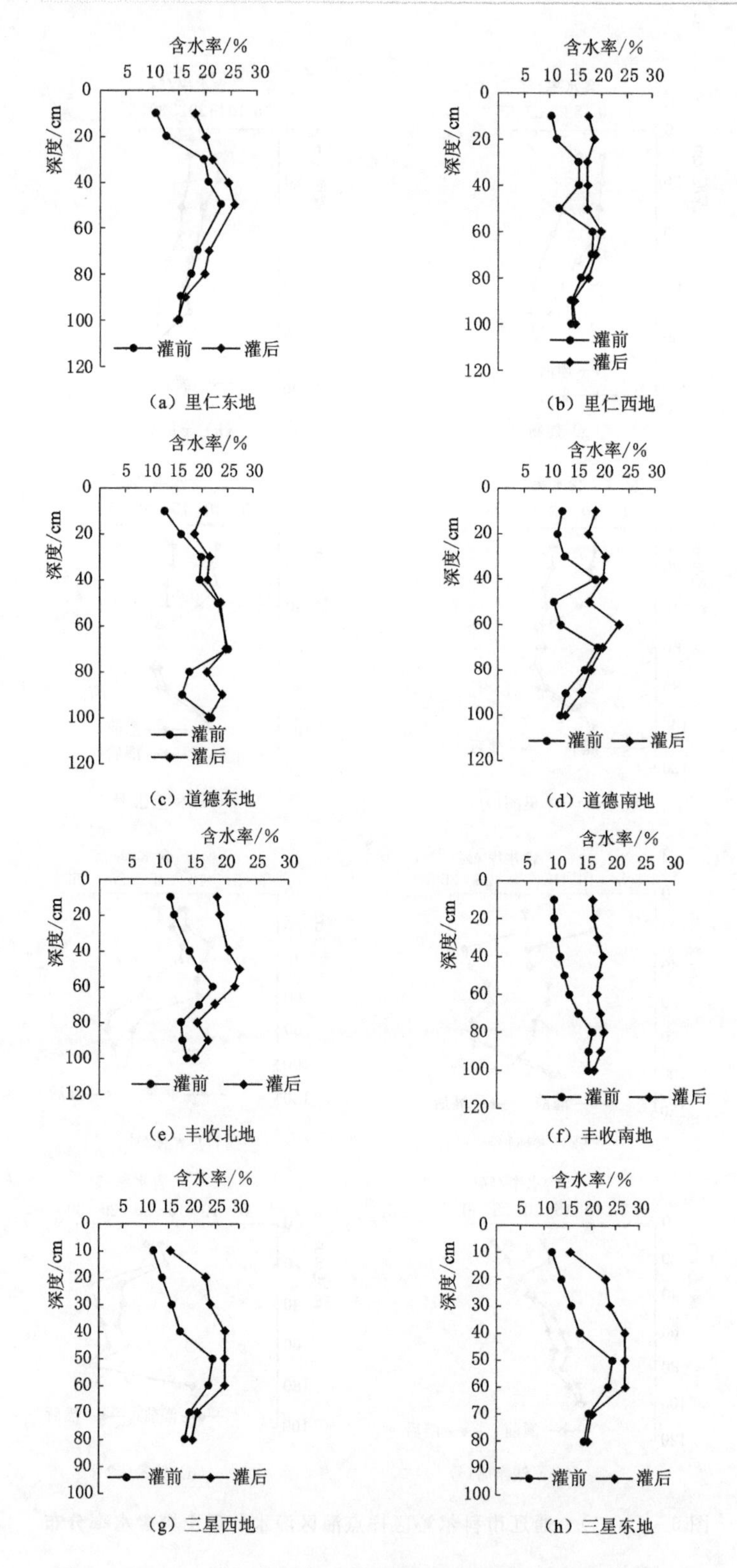

(a) 里仁东地 (b) 里仁西地

(c) 道德东地 (d) 道德南地

(e) 丰收北地 (f) 丰收南地

(g) 三星西地 (h) 三星东地

图 6-4（一） 通辽市开鲁县样点灌区灌水前后土壤含水率分布

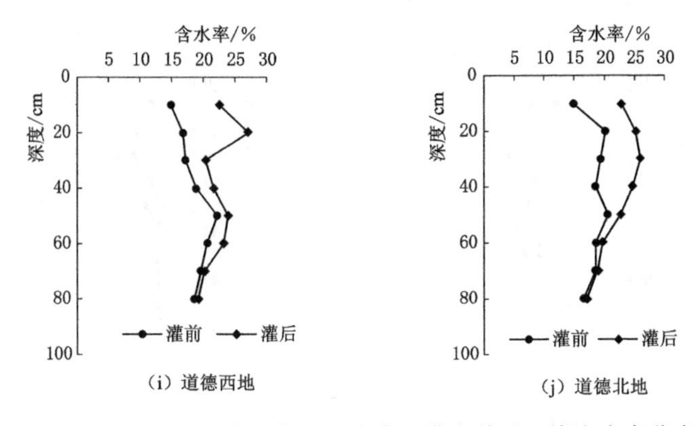

图 6-4（二） 通辽市开鲁县样点灌区灌水前后土壤含水率分布

2. 赤峰市

赤峰市各地区不同样点灌区灌水前后土壤含水率分布见图 6-5～图 6-7。

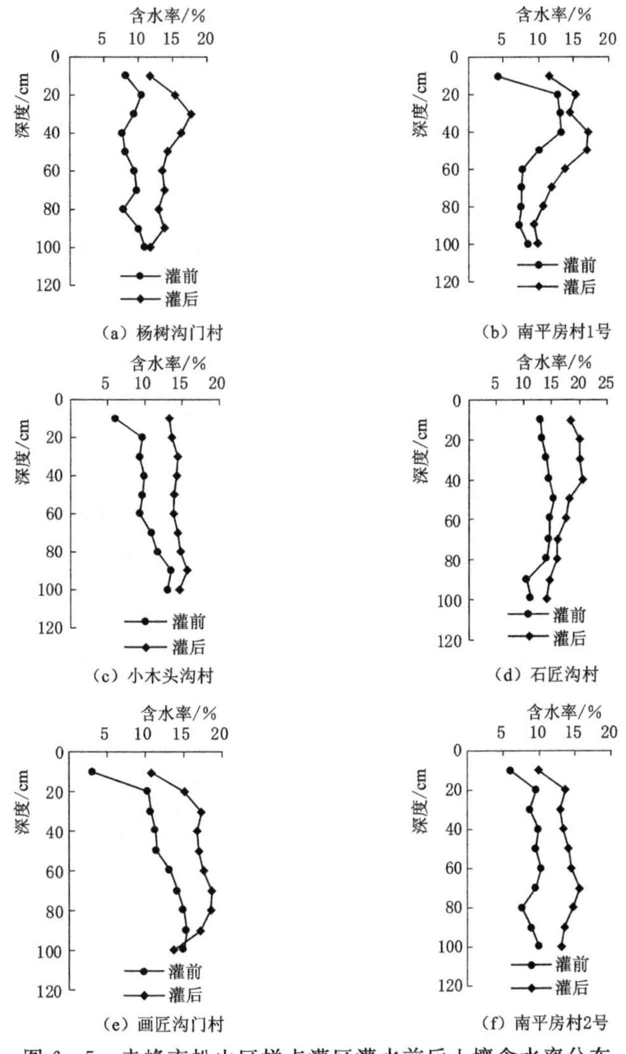

图 6-5 赤峰市松山区样点灌区灌水前后土壤含水率分布

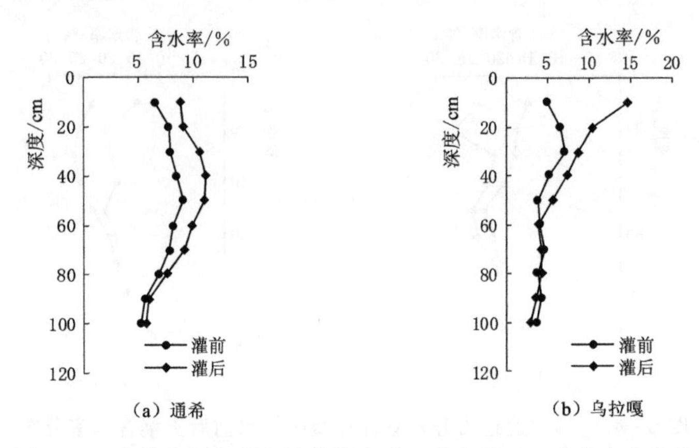

图 6-6 赤峰市阿鲁科尔沁旗样点灌区灌水前后土壤含水率分布

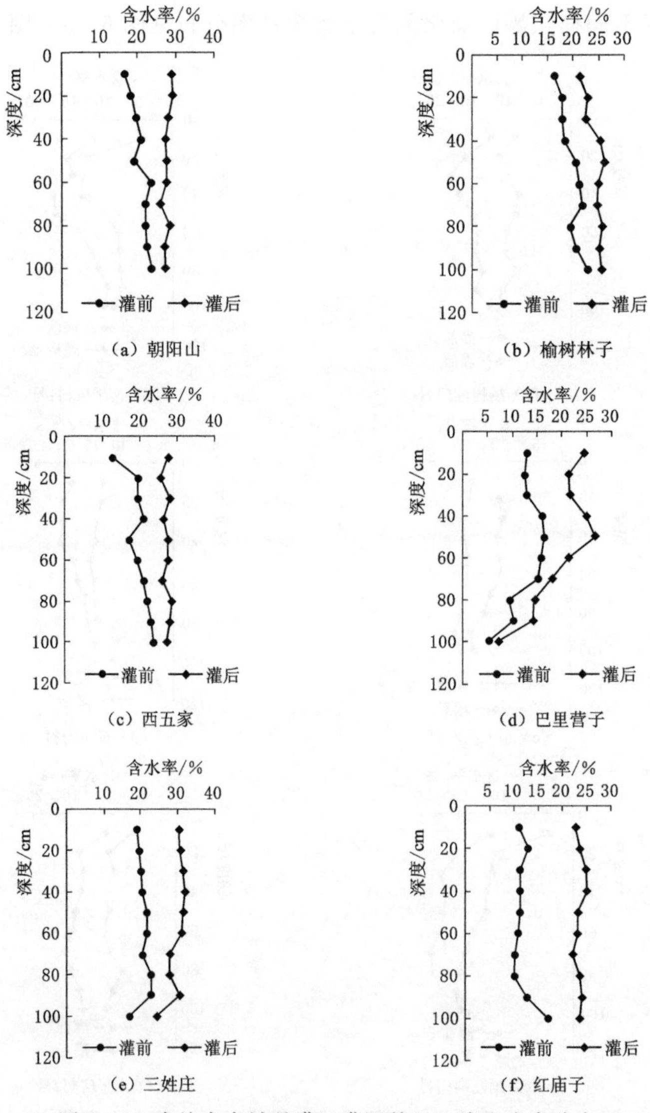

图 6-7 赤峰市宁城县灌区灌溉前后土壤含水率分布

3. 乌兰察布市

乌兰察布市典型样点灌区灌水前后土壤含水率分布见图 6-8。

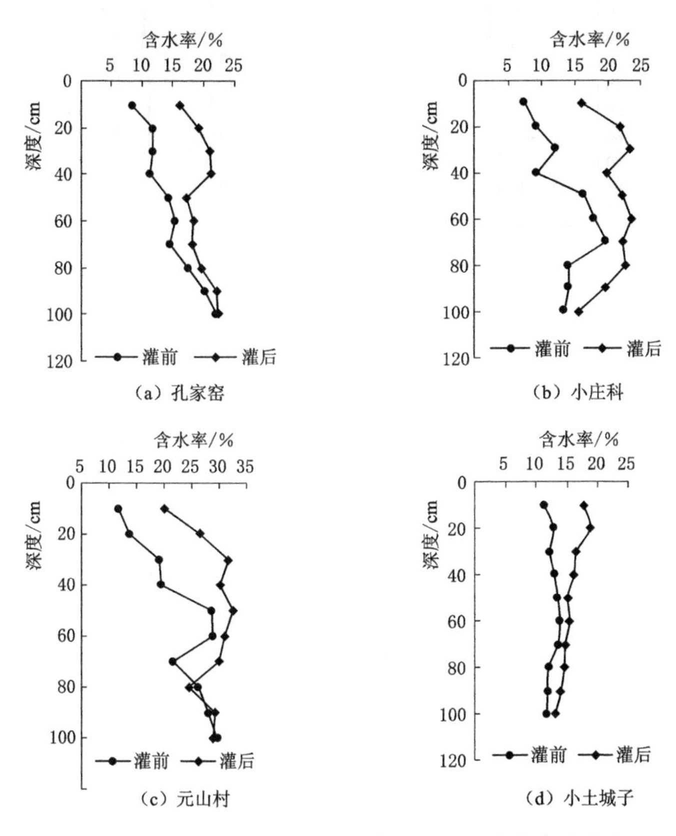

图 6-8 乌兰察布市样点灌区灌溉前后土壤含水率分布

4. 扎兰屯市

扎兰屯市不同样点灌区灌水前后土壤含水率分布见图 6-9。

5. 锡林浩特市

锡林浩特市区不同样点灌区灌水前后土壤含水率分布见图 6-10。

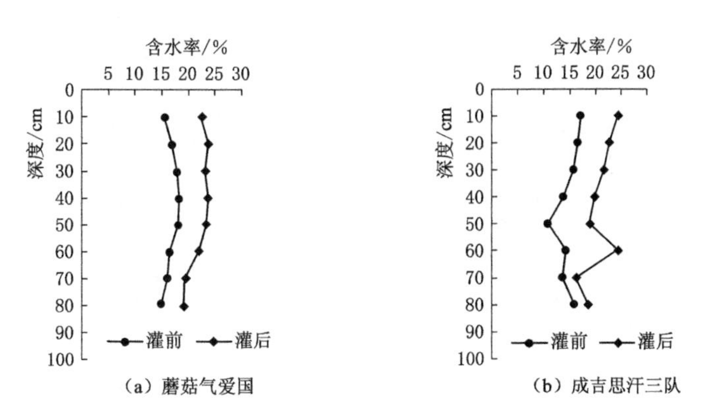

图 6-9（一） 扎兰屯市样点灌区灌水前后土壤含水率分布

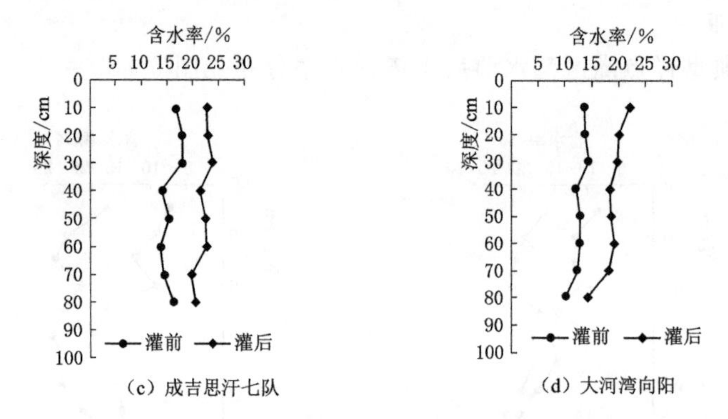

图6-9(二) 扎兰屯市样点灌区灌水前后土壤含水率分布

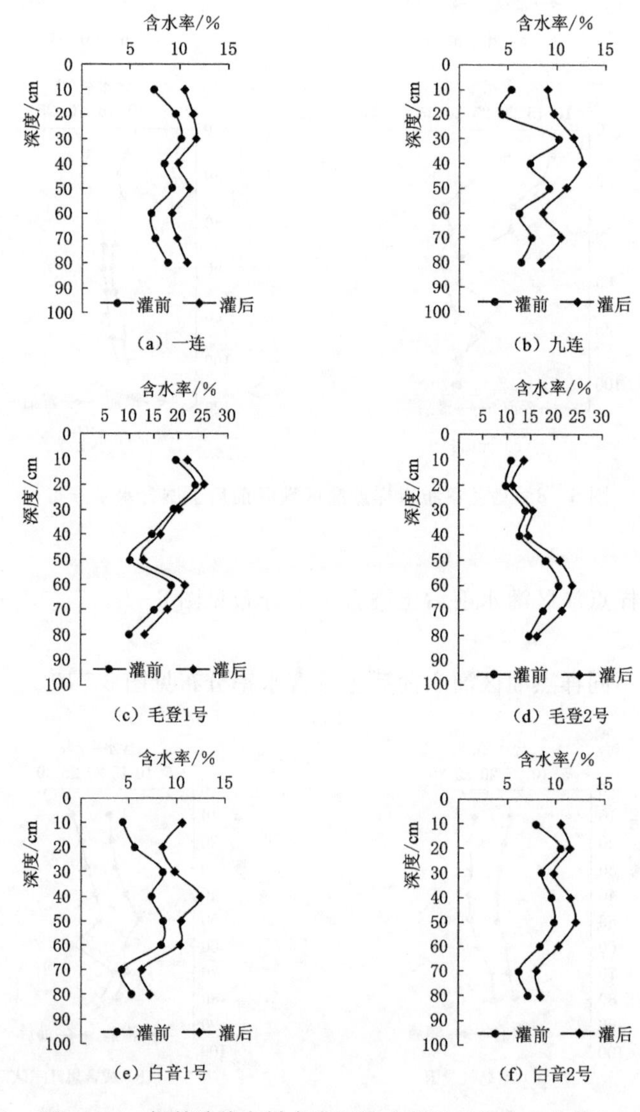

图6-10 锡林浩特市样点灌区灌水前后土壤含水率分布

6.1.1.2 土壤容重与质地测试

针对每个样点灌区，采用体积为 $100cm^3$ 的环刀，在 100cm 深度范围内，每隔 10cm 取样，采用烘干法测试分层土壤干容重，用于计算灌水前后土壤分层体积含水率。此外，将分层土样带回实验室，在实验室内采用筛分法和粒度仪法进行土壤颗粒分析，确定各级粒径组合比例，按美国农业部土壤质地三角形确定根系层土壤质地。

1. 通辽市

通辽市不同样点灌区土壤质地及干容重测试分析结果见表 6-1～表 6-4。

表 6-1　通辽市奈曼旗样点灌区土壤质地与干容重测试分析结果

灌区名称	样点灌区	分层及深度/cm	土壤质地	干容重/(g/cm^3)
奈曼旗	舍力虎农 13 号	0～20	粉壤土	1.325
		20～40	砂壤土	1.415
		40～60	粉壤土	1.390
		60～80	粉土	1.344
		80～100	砂壤土	1.355
	舍力虎农 14 号	0～20	粉壤土	1.430
		20～40	砂壤土	1.416
		40～60	粉壤土	1.326
		60～80	砂壤土	1.446
		80～100	粉壤土	1.332
	希勃图 11 号	0～20	壤砂土	1.570
		20～40	粉壤土	1.502
		40～60	砂土	1.517
		60～80	砂壤土	1.580
		80～100	粉壤土	1.634
	希勃图 13 号	0～20	砂壤土	1.583
		20～40	粉壤土	1.433
		40～60	砂壤土	1.555
		60～80	砂土	1.442
		80～100	壤砂土	1.530
	伊和乌素 1 号	0～20	砂土	1.510
		20～40	壤砂土	1.576
		40～60	砂土	1.618
		60～80	壤砂土	1.607
		80～100	砂壤土	1.500
	伊和乌素 2 号	0～40	砂土	1.651
		40～60	壤砂土	1.556
		60～100	砂土	1.606

续表

灌区名称	样点灌区	分层及深度/cm	土壤质地	干容重/(g/cm³)
奈曼旗	伊科学灌溉点	0～20	砂土	1.570
		20～40	壤砂土	1.517
		40～60	砂壤土	1.502
		60～80	壤砂土	1.556
		80～100	砂土	1.604
	代筒村1号	0～20	砂土	1.580
		20～40	粉壤土	1.534
		40～60	粉土	1.484
		60～80	粉壤土	1.420
		80～100	砂壤土	1.522
	代筒村2号	0～40	砂土	1.618
		40～60	砂壤土	1.544
		60～80	粉土	1.427
		80～100	粉壤土	1.390

表6-2　通辽市科尔沁左翼中旗样点灌区土壤质地与干容重测试分析结果

灌区名称	样点灌区	分层及深度/cm	土壤质地	干容重/(g/cm³)
科尔沁左翼中旗	扎如德仓1号	0～20	砂土	1.596
		20～40	砂壤土	1.562
		40～60	粉壤土	1.557
		60～80	砂土	1.599
		80～100	壤砂土	1.568
	扎如德仓2号	0～40	砂土	1.628
		40～80	壤砂土	1.593
		80～100	砂土	1.604
	巴彦柴达木6号	0～20	砂壤土	1.593
		20～60	壤砂土	1.434
		60～100	砂壤土	1.363
	巴彦柴达木7号	0～40	壤砂土	1.440
		40～80	砂壤土	1.335
		80～100	壤砂土	1.455
	巨宝山1号	0～40	壤砂土	1.532
		40～80	砂壤土	1.491
		80～100	壤砂土	1.656
	巨宝山2号	0～40	壤砂土	1.589
		40～60	砂壤土	1.572

续表

灌区名称	样点灌区	分层及深度/cm	土壤质地	干容重/(g/cm³)
科尔沁左翼中旗	巨宝山2号	60～80	粉壤土	1.466
		80～100	砂壤土	1.538
	巨科学灌溉点	0～20	壤砂土	1.508
		20～40	粉壤土	1.444
		40～100	砂壤土	1.457

表6-3　通辽市科尔沁区样点灌区土壤质地与干容重测试分析结果

灌区名称	样点灌区	分层及深度/cm	土壤质地	干容重/(g/cm³)
科尔沁区	天庆东1号	0～20	粉土	1.489
		20～40	砂壤土	1.420
		40～60	粉土	1.445
		60～80	砂壤土	1.395
		80～100	粉壤土	1.387
	天庆东2号	0～20	粉土	1.499
		20～40	砂壤土	1.432
		40～60	粉壤土	1.393
		60～100	砂壤土	1.431
	天科学灌溉点	0～20	砂壤土	1.493
		20～40	粉壤土	1.412
		40～60	砂壤土	1.465
		60～80	粉土	1.433
		80～100	粉壤土	1.399
	建新1号	0～20	壤砂土	1.582
		20～60	砂壤土	1.480
		60～100	砂土	1.621
	丰田1号	0～20	粉壤土	1.460
		20～40	砂壤土	1.416
		40～60	粉壤土	1.532
		60～100	砂壤土	1.433
	西富1号	0～20	壤砂土	1.510
		20～60	砂壤土	1.473
		60～100	壤砂土	1.563
	西富2号	0～20	壤砂土	1.512
		20～60	砂壤土	1.437
		60～100	壤砂土	1.583

续表

灌区名称	样点灌区	分层及深度/cm	土壤质地	干容重/(g/cm^3)
科尔沁区	建新2号	0～20	壤砂土	1.592
科尔沁区	建新2号	20～40	砂壤土	1.423
科尔沁区	建新2号	40～60	砂土	1.644
科尔沁区	建新2号	60～80	壤砂土	1.583
科尔沁区	建新2号	80～100	砂土	1.631
科尔沁区	丰田2号	0～20	粉壤土	1.422
科尔沁区	丰田2号	20～40	壤砂土	1.501
科尔沁区	丰田2号	40～60	砂壤土	1.474
科尔沁区	丰田2号	60～80	砂土	1.593
科尔沁区	丰田2号	80～100	壤砂土	1.515
科尔沁区	建新3号	0～40	壤砂土	1.570
科尔沁区	建新3号	40～60	砂壤土	1.422
科尔沁区	建新3号	60～80	砂土	1.591
科尔沁区	木里图1号	0～20	粉土	1.482
科尔沁区	木里图1号	20～40	砂壤土	1.376
科尔沁区	木里图1号	40～80	粉壤土	1.539
科尔沁区	木里图1号	80～100	砂壤土	1.449
科尔沁区	木里图2号	0～20	粉壤土	1.410
科尔沁区	木里图2号	20～60	粉壤土	1.463
科尔沁区	木里图2号	60～100	砂壤土	1.495
科尔沁区	大林1号	0～20	砂壤土	1.482
科尔沁区	大林1号	20～40	粉壤土	1.376
科尔沁区	大林1号	40～100	砂壤土	1.539
科尔沁区	大林2号	0～20	壤砂土	1.410
科尔沁区	大林2号	20～40	粉土	1.307
科尔沁区	大林2号	40～60	砂壤土	1.463
科尔沁区	大林2号	60～80	壤砂土	1.495
科尔沁区	大林2号	80～100	粉壤土	1.457
科尔沁区	钱家店2号	0～40	粉壤土	1.312
科尔沁区	钱家店2号	40～100	黏土	1.240
科尔沁区	钱家店2号	0～20	粉壤土	1.455
科尔沁区	钱家店2号	20～100	黏土	1.258

表 6-4　　通辽市开鲁县样点灌区土壤质地与干容重测试分析结果

灌区名称	样点灌区	分层及深度/cm	土壤质地	干容重/(g/cm³)
开鲁县	里仁东地	0～20	粉壤土	1.311
		20～40	砂壤土	1.582
		40～60	粉壤土	1.340
		60～80	砂壤土	1.501
		80～100	粉壤土	1.362
	里仁西地	0～20	粉壤土	1.373
		20～40	砂壤土	1.572
		40～60	粉壤土	1.361
		60～80	粉土	1.326
		80～100	砂壤土	1.563
	道德东地	0～20	壤砂土	1.521
		20～80	砂土	1.640
		80～100	壤砂土	1.367
	道德南地	0～40	壤砂土	1.500
		40～60	砂壤土	1.592
		60～100	壤砂土	1.618
	丰收北地	0～20	砂土	1.662
		20～40	砂壤土	1.512
		40～60	砂土	1.643
		60～100	壤砂土	1.592
	丰收南地	0～40	砂土	1.651
		40～60	砂壤土	1.572
		60～80	砂土	1.652
		80～100	壤砂土	1.553
	三星西地	0～20	砂土	1.663
		20～40	壤砂土	1.550
		40～80	砂壤土	1.552
		80～100	壤砂土	1.570
	三星东地	0～20	砂土	1.591
		20～40	砂壤土	1.542
		40～60	壤砂土	1.533
		60～80	砂土	1.584
		80～100	壤砂土	1.515
	道德西地	0～40	壤砂土	1.581
		40～60	粉壤土	1.452
		60～100	砂土	1.311

续表

灌区名称	样点灌区	分层及深度/cm	土壤质地	干容重/(g/cm³)
开鲁县	道德北地	0～20	壤砂土	1.582
		20～40	砂壤土	1.340
		40～60	壤砂土	1.501
		60～80	砂土	1.362
		80～100	壤砂土	1.373

2. 赤峰市

赤峰市不同样点灌区土壤质地及干容重测试分析结果见表6-5～表6-7。

表6-5　　　　赤峰市松山区样点灌区土壤质地与干容重测试分析结果

灌区名称	样点灌区	分层及深度/cm	土壤质地	干容重/(g/cm³)
松山区	杨树沟门村	0～20	粉壤土	1.42
		20～40	砂壤土	1.48
		40～60	黏土	1.30
		60～100	粉壤土	1.34
	南平房村1号	0～40	砂壤土	1.50
		40～80	砂土	1.70
		80～100	砂壤土	1.48
	小木头沟村	0～20	粉壤土	1.41
		20～100	砂壤土	1.51
	石匠沟村	0～20	砂壤土	1.41
		20～40	粉壤土	1.50
		40～60	砂壤土	1.45
		60～80	砂土	1.50
		80～100	壤砂土	1.54
	画匠沟门村	0～20	粉壤土	1.42
		20～40	砂壤土	1.48
		40～60	黏土	1.30
		60～100	粉壤土	1.34
	南平房村2号	0～40	砂壤土	1.50
		40～80	砂土	1.70
		80～100	砂壤土	1.48

表6-6　　　　赤峰市阿鲁科尔沁旗样点灌区土壤质地与干容重测试分析结果

灌区名称	样点灌区	分层及深度/cm	土壤质地	干容重/(g/cm³)
阿鲁科尔沁旗	通希	0～100	砂土	1.69
	乌拉嘎	0～100	砂土	1.73

表 6-7　赤峰市宁城县灌区样点灌区土壤质地与干容重测试分析结果

灌区名称	样点灌区	分层及深度/cm	土壤质地	干容重/(g/cm^3)
宁城县	朝阳山	0～50	粉壤土	1.366
		50～100	粉壤土	1.376
	西五家	0～50	粉壤土	1.318
		50～100	粉壤土	1.327
	榆树林子	0～50	粉壤土	1.329
		50～100	粉壤土	1.309
	巴里营子	0～50	砂壤土	1.602
		50～100	粉壤土	1.389
	三姓庄	0～50	砂壤土	1.460
		50～100	黏土	1.273
	红庙子	0～50	粉壤土	1.417
		50～100	粉壤土	1.448
	科学灌溉点	0～50	粉壤土	1.358
		50～100	粉壤土	1.372

3. 乌兰察布市

乌兰察布市不同样点灌区土壤质地及干容重测试结果见表 6-8～表 6-9。

表 6-8　乌兰察布市丰镇市样点灌区土壤质地与干容重测试分析结果

灌区名称	样点灌区	分层及深度/cm	土壤质地	土壤容重/(g/cm^3)
丰镇市	孔家窑	0～100	砂壤土	1.49
	小庄科	0～20	粉壤土	1.35
		20～40	砂壤土	1.50
		40～100	粉壤土	1.40
	乡元山村	0～20	砂壤土	1.52
		20～60	黏土	1.26
		60～80	砂壤土	1.41
		80～100	黏土	1.28

表 6-9　乌兰察布市其他三地区样点灌区土壤质地与干容重测试分析结果

样点灌区	样点灌区	分层及深度/cm	土壤质地	土壤容重/(g/cm^3)
察哈尔右翼前旗	小土城子	0～20	粉土	1.479
		20～40	砂壤土	1.412
		40～60	粉土	1.405
		60～80	砂壤土	1.385
		80～100	粉壤土	1.354

续表

样点灌区	样点灌区	分层及深度/cm	土壤质地	土壤容重/(g/cm³)
察哈尔右翼后旗	贲红村1号井	0～20	粉壤土	1.425
		20～40	砂壤土	1.315
		40～60	粉壤土	1.340
		60～80	粉土	1.394
		80～100	砂壤土	1.375
	贲红村2号井	0～20	粉壤土	1.400
		20～40	砂壤土	1.316
		40～60	粉壤土	1.376
		60～80	砂壤土	1.416
		80～100	粉壤土	1.432
	古丰村1号井	0～20	砂壤土	1.483
		20～40	粉壤土	1.433
		40～60	砂壤土	1.505
		60～80	粉壤土	1.442
		80～100	砂壤土	1.590
商都县	王殿金村1号井	0～20	砂土	1.580
		20～40	粉壤土	1.420
		40～60	粉土	1.484
		60～80	粉壤土	1.420
		80～100	砂壤土	1.522

4. 扎兰屯市

扎兰屯市不同样点灌区土壤质地及干容重测试分析结果见表6－10。

表6－10　扎兰屯市样点灌区土壤质地与干容重测试分析结果

灌区名称	样点灌区	分层及深度/cm	土壤质地	干容重/(g/cm³)
扎兰屯市	蘑菇气爱国	0～50	砂壤土	1.496
		50～100	粉壤土	1.449
	成吉思汗三队	0～50	砂壤土	1.512
		50～100	粉壤土	1.409
	成吉思汗七队	0～50	砂壤土	1.491
		50～100	粉壤土	1.418
	大河湾向阳	0～50	砂壤土	1.475
		50～100	砂壤土	1.485

5. 锡林浩特市

锡林浩特市不同样点灌区土壤质地及干容重测试分析结果见表6－11。

表 6-11　　锡林浩特市样点灌区土壤质地与干容重测试分析结果

灌区名称	样点灌区	分层及深度/cm	土壤质地	干容重/(g/cm³)
锡林浩特市	一连	0～50	黏土	1.672
		50～100	粉砂壤土	1.646
	九连	0～50	砂壤土	1.634
		50～100	砂壤土	1.679
	毛登1号	0～50	粉砂壤土	1.531
		50～100	砂土	1.554
	毛登2号	0～50	粉砂壤土	1.438
		50～100	粉砂壤土	1.461
	白音1号	0～50	砂壤土	1.635
		50～100	砂壤土	1.616
	白音2号	0～50	粉砂壤土	1.469
		50～100	砂土	1.537
	科学灌溉点	0～50	砂壤土	1.628
		50～100	砂壤土	1.637

6.1.1.3　灌溉水量测试

对于采用管灌方式的样点灌区，在输水管末端安装水表测试灌水始末的累计灌溉水量；对于膜下滴灌方式的样点灌区，将便携式超声波流量仪安装在灌溉井的出水管上，对灌水始末的累计灌溉水量进行测试。对于采用指针式喷灌的人工牧草灌区，将便携式超声波流量仪安装在喷灌机中轴的竖管上，对喷灌机每次灌水始末的累计灌溉水量以及灌溉井的小时出水量进行连续测试。此外，为了校正流量仪由于受喷灌机变压器电磁波干扰，所导致的流量波动、失真等问题，在灌水始末观测喷灌系统电表的读数，建立起水量与电量的关系（见图 6-11），以便利用电量反推水量。利用灌溉期抽水的耗电量，也可间接推求全生育期的总灌溉水量。

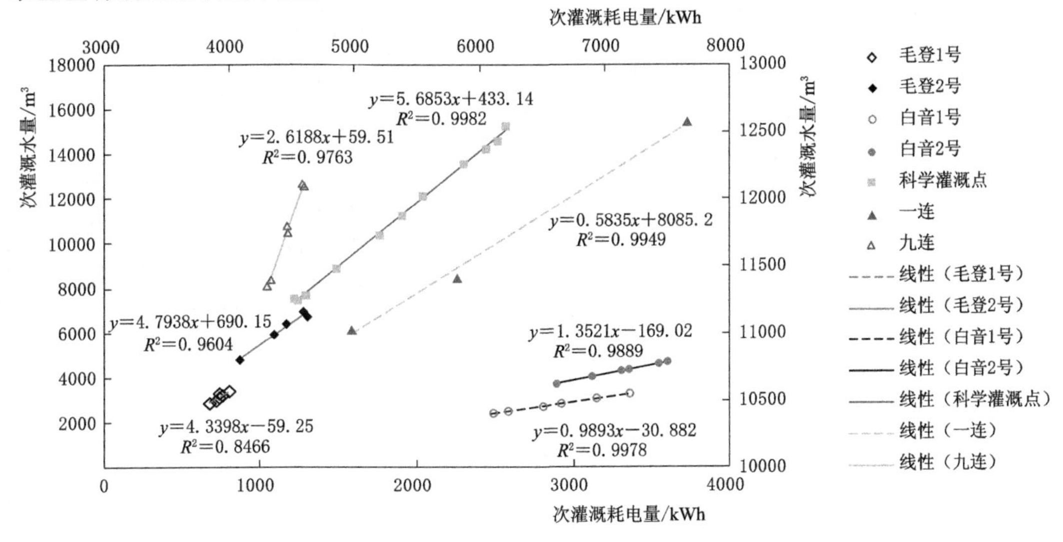

图 6-11　锡林浩特市样点灌区次灌溉水量与次灌溉耗电量的关系

6.1.1.4 作物测产

作物收割期，在各样点灌区，测定玉米籽粒重量或选取典型田块测试单位面积的产量，在此基础上，通过灌溉面积估测作物产量。

1. 通辽市

通辽市样点灌区不同作物产量测试结果见表6-12。

表6-12 通辽市样点灌区不同作物产量测试结果

灌区名称	样点灌区	种植作物	灌溉方式	产量/(kg/亩)
奈曼旗	舍力虎农13号	玉米	低压管灌	892
	舍力虎农14号	玉米	低压管灌	878
	希勃图11号	玉米	低压管灌	851
	希勃图13号	玉米	低压管灌	835
	伊和乌素1号	玉米	膜下滴灌	826
	伊和乌素2号	玉米	膜下滴灌	842
	伊科学灌溉点	玉米	膜下滴灌	881
	代筒村1号	玉米	低压管灌	808
	代筒村2号	玉米	低压管灌	791
科尔沁左翼中旗	扎如德仓1号	玉米	膜下滴灌	888
	扎如德仓2号	玉米	膜下滴灌	878
	巴彦柴达木6号	玉米	低压管灌	764
	巴彦柴达木7号	玉米	低压管灌	789
	巨宝山1号	玉米	喷灌	911
	巨宝山2号	玉米	喷灌	907
	巨科学灌溉点	玉米	喷灌	950
科尔沁区	天庆东1号	玉米	低压管灌	846
	天庆东2号	玉米	低压管灌	856
	天科学灌溉点	玉米	低压管灌	897
	建新1号	玉米	低压管灌	1077
	丰田1号	玉米	低压管灌	1163
	西富1号	玉米	低压管灌	1068
	西富2号	玉米	低压管灌	1060
	建新2号	玉米	膜下滴灌	1173
	丰田2号	玉米	膜下滴灌	1139
	建新3号	玉米	喷灌	1099
	木里图1号	玉米	低压管灌	789
	木里图2号	玉米	低压管灌	794
	大林1号	玉米	低压管灌	781
	大林2号	玉米	井灌	763

续表

灌区名称	样点灌区	种植作物	灌溉方式	产量/(kg/亩)
科尔沁区	钱家店1号	玉米	低压管灌	893
	钱家店2号	玉米	膜下滴灌	878
开鲁县	里仁东地	玉米	低压管灌	887
	里仁西地	玉米	低压管灌	918
	丰收北地	玉米	低压管灌	1004
	丰收南地	玉米	低压管灌	1087
	道德东地	红干椒	低压管灌	927
	道德南地	红干椒	低压管灌	857
	三星西地	玉米	膜下滴灌	738
	三星东地	玉米	膜下滴灌	950
	道德西地	红干椒	膜下滴灌	948
	道德北地	红干椒	膜下滴灌	627

2. 赤峰市

赤峰市样点灌区不同作物产量测试结果见表6-13。

表6-13　赤峰市样点灌区不同作物产量测试结果

灌区名称	样点灌区	种植作物	灌溉方式	产量/(kg/亩)
松山区	杨树沟门村	玉米	膜下滴灌	421
	南平房村1号	玉米	膜下滴灌	810
	小木头沟村	玉米	膜下滴灌	908
	石匠沟村	玉米	膜下滴灌	829
	画匠沟门村	玉米	井灌	687
	南平房村2号	玉米	井灌	725
阿鲁科尔沁旗	通希	紫花苜蓿	喷灌	747
	乌拉嘎	紫花苜蓿	喷灌	752
宁城县	朝阳山	玉米	膜下滴灌	905
	西五家	玉米	膜下滴灌	918
	榆树林子	玉米	膜下滴灌	969
	巴里营子	玉米	井灌	768
	三姓庄	玉米	井灌	722
	红庙子	玉米	井灌	775
	科学灌溉点	玉米	膜下滴灌	973

3. 乌兰察布市

乌兰察布市样点灌区不同作物产量测试结果见表6-14。

表 6-14 乌兰察布市样点灌区不同作物产量测试结果

灌区名称	样点灌区	种植作物	灌溉方式	产量/(kg/亩)
丰镇市	孔家窑	葵花	膜下滴灌	444
	小庄科	土豆	膜下滴灌	1758
	元山村	玉米	膜下滴灌	668
察哈尔右翼前旗	小土城子	马铃薯	膜下滴灌	2500
察哈尔右翼后旗	贲红村1号井	马铃薯	膜下滴灌	2291
	贲红村2号井	向日葵	膜下滴灌	231
	古丰村	洋葱	喷灌	5000
商都县	王殿金村	马铃薯	膜下滴灌	2462

4. 扎兰屯市

扎兰屯市样点灌区不同作物产量测试结果见表6-15。

表 6-15 扎兰屯市样点灌区不同作物产量测试结果

灌区名称	样点灌区	种植作物	灌溉方式	产量/(kg/亩)
扎兰屯市	蘑菇气爱国	玉米	膜下滴灌	895
	成吉思汗三队	玉米	膜下滴灌	913
	成吉思汗七队	玉米	膜下滴灌	963
	大河湾向阳	玉米	膜下滴灌	832

5. 锡林浩特市

锡林浩特市样点灌区不同作物产量测试结果见表6-16。这里需要指出的是，一连和九连的紫花苜蓿都是第一年播种，产量只是刈割一茬时的鲜重。

表 6-16 锡林浩特市样点灌区不同作物产量测试结果

灌区名称	样点灌区	种植作物	灌溉方式	产量/(kg/亩)
锡林浩特市	一连	紫花苜蓿	喷灌	288
	九连	紫花苜蓿	喷灌	275
	毛登1号	青贮玉米	喷灌	2787
	毛登2号	青贮玉米	喷灌	2833
	白音1号	燕麦	喷灌	389
	白音2号	燕麦	喷灌	405
	科学灌溉点	青贮玉米	喷灌	3015

6.1.2 样点灌区灌溉水利用系数计算

6.1.2.1 基于田间实测法的灌溉水利用系数计算

采用第3章作物毛、净灌水定额的计算公式，可计算出不同旗县区各样点灌区的灌溉水利用系数，在此基础上，采用面积加权法可计算出同种作物相同灌溉方式下的灌溉水利用系数。

1. 通辽市

基于田间实测法的通辽市奈曼旗、科尔沁左翼中旗、科尔沁区和开鲁县样点灌区灌溉水利用系数计算结果见表 6-17～表 6-20。

表 6-17　基于田间实测法的通辽市奈曼旗样点灌区灌溉水利用系数计算结果

灌区名称	样点灌区	单井控制面积/亩	种植作物	灌溉方式	测试次数	测试日期（年．月．日）	灌溉水量/m^3	毛灌水定额/(m^3/亩)	净灌水定额/(m^3/亩)	灌溉水利用系数		
										单次系数	样点灌区系数	样点灌区均值
奈曼旗	舍力虎农13号	184	玉米	低压管灌	1	2013.8.6—10	19563	106.21	89.83	0.846	0.842	0.831
					2	2014.7.6—11	13339	72.41	60.72	0.839		
	舍力虎农14号	155	玉米	低压管灌	1	2013.8.5—10	16938	109.00	94.58	0.868	0.847	
					2	2014.7.7—12	11499	74.00	61.14	0.826		
	希勃图11号	138	玉米	低压管灌	1	2013.6.26—30	10605	76.67	63.73	0.831	0.829	
					2	2013.8.6—11	5763	41.67	35.96	0.863		
					3	2013.8.27—9.1	6109	44.17	35.60	0.806		
					4	2014.5.2—6	4611	33.33	26.85	0.805		
					5	2014.6.1—5	4726	34.17	27.18	0.795		
					6	2014.7.11—14	5994	43.33	36.81	0.849		
					7	2014.9.4—7	5187	37.50	31.96	0.852		
	希勃图13号	225	玉米	低压管灌	1	2013.6.24—29	17142	76.16	62.11	0.815	0.815	
					2	2013.8.5—12	9064	40.27	33.44	0.830		
					3	2013.8.27—9.3	7770	34.52	29.11	0.843		
					4	2014.5.2—8	6906	30.69	24.63	0.803		
					5	2014.6.1—6	9311	41.37	32.93	0.796		
					6	2014.7.11—15	9003	40.00	31.85	0.796		
					7	2014.9.4—8	8633	38.36	31.41	0.819		
	代筒村1号	191	玉米	低压管灌	1	2013.6.25—7.1	12399	65.00	54.27	0.835	0.828	
					2	2013.8.4—10	6608	34.64	29.22	0.843		
					3	2013.8.26—9.2	7358	38.57	31.36	0.813		
					4	2014.5.2—8	7154	37.50	30.35	0.809		
					5	2014.6.1—7	8857	46.43	39.98	0.861		
					6	2014.7.21—25	9402	49.29	39.71	0.806		
	代筒村2号	189	玉米	低压管灌	1	2013.6.25—31	11813	62.53	52.60	0.841	0.833	
					2	2013.8.4—9	7957	42.12	34.57	0.821		
					3	2013.8.27—9.2	6834	36.18	28.71	0.794		
					4	2014.5.1—6	7420	39.28	32.75	0.834		
					5	2014.6.1—7	7322	38.76	32.77	0.846		
					6	2014.7.21—27	10349	54.78	47.22	0.862		

续表

灌区名称	样点灌区	单井控制面积/亩	种植作物	灌溉方式	测试次数	测试日期（年．月．日）	灌溉水量/m^3	毛灌水定额/(m^3/亩)	净灌水定额/(m^3/亩)	灌溉水利用系数		
										单次系数	样点灌区系数	样点灌区均值
奈曼旗	伊和乌素1号	110	玉米	膜下滴灌	1	2013.6.30—7.3	4726	43.08	38.40	0.891	0.910	0.909
					2	2013.8.6—9	2346	21.39	19.85	0.928		
					3	2013.8.28—9.1	2751	25.08	22.87	0.912		
					4	2014.4.29—5.1	2296	20.92	19.53	0.933		
					5	2014.5.27—29	4017	36.62	33.13	0.905		
					6	2014.7.8—10	3629	33.08	29.42	0.889		
					7	2014.8.20—22	4203	38.31	34.84	0.910		
					8	2014.9.4—6	3207	29.23	26.67	0.912		
	伊和乌素2号	154	玉米	膜下滴灌	1	2013.6.30—7.2	6422	41.61	38.47	0.925	0.909	
					2	2013.8.7—9	3353	21.72	19.72	0.908		
					3	2013.8.29—9.1	3690	23.91	21.68	0.907		
					4	2014.4.29—5.1	3885	25.17	22.29	0.885		
					5	2014.5.27—30	6139	39.77	36.44	0.916		
					6	2014.7.9—12	4968	32.18	29.11	0.904		
					7	2014.8.21—24	5234	33.91	31.05	0.916		
					8	2014.9.4—6	5110	33.10	30.17	0.911		
	伊科学灌溉点	179	玉米	膜下滴灌	1	2014.4.29—5.2	5815	32.40	30.19	0.932	0.926	
					2	2014.5.28—31	3948	22.00	19.87	0.903		
					3	2014.6.14—17	4056	22.60	20.56	0.910		
					4	2014.6.28—30	4953	27.60	25.14	0.911		
					5	2014.7.10—13	4666	26.00	24.09	0.926		
					6	2014.8.6—8	4271	33.80	31.47	0.931		
					7	2014.8.21—24	4738	26.40	25.04	0.948		
					8	2014.9.5—8	4666	26.00	24.54	0.944		

表 6-18　基于田间实测法的通辽市科尔沁左翼中旗样点灌区灌溉水利用系数计算结果

灌区名称	样点灌区	单井控制面积/亩	种植作物	灌溉方式	测试次数	测试日期（年．月．日）	灌溉水量/m^3	毛灌水定额/(m^3/亩)	净灌水定额/(m^3/亩)	灌溉水利用系数		
										单次系数	样点灌区系数	样点灌区均值
科尔沁左翼中旗	扎如德仓1号	62	玉米	膜下滴灌	1	2014.4.27—28	2089	33.69	30.91	0.917	0.907	0.904
					2	2014.5.25—26	1384	22.32	20.03	0.898		
					3	2014.6.13—14	1597	25.75	23.08	0.896		
					4	2014.7.3—4	1330	21.46	19.7	0.918		
					5	2014.7.18—19	2235	36.05	33.44	0.927		

续表

灌区名称	样点灌区	单井控制面积/亩	种植作物	灌溉方式	测试次数	测试日期（年．月．日）	灌溉水量/m^3	毛灌水定额/(m^3/亩)	净灌水定额/(m^3/亩)	灌溉水利用系数		
										单次系数	样点灌区系数	样点灌区均值
科尔沁左翼中旗	扎如德仓1号	62	玉米	膜下滴灌	6	2014.8.4—5	2022	32.62	29.69	0.91	0.907	0.904
					7	2014.8.20—21	1996	32.19	28.85	0.896		
					8	2014.9.6—7	1863	30.04	26.91	0.896		
	扎如德仓2号	103	玉米	膜下滴灌	1	2014.4.27—29	3205	31.17	28.7	0.921	0.901	
					2	2014.5.25—27	2913	28.34	26.1	0.921		
					3	2014.6.14—16	2622	25.51	21.62	0.847		
					4	2014.7.4—6	2497	24.29	22.22	0.915		
					5	2014.7.19—21	3538	34.41	31.18	0.906		
					6	2014.8.4—6	3330	32.39	29.02	0.896		
					7	2014.8.21—23	2955	28.75	25.8	0.898		
					8	2014.9.4—6	3413	33.2	30.08	0.906		
	巴彦柴达木6号	176	玉米	低压管灌	1	2014.7.1—6	16475	93.61	79.943	0.854	0.850	0.849
					2	2014.8.12—17	17040	96.82	81.934	0.846		
	巴彦柴达木7号	142	玉米	低压管灌	1	2014.7.3—7	13774	97.00	82.121	0.847	0.848	
					2	2014.8.14—18	13635	96.02	81.561	0.849		
	巨宝山1号	500	玉米	喷灌	1	2014.5.2—5	29615	59.23	51.70	0.873	0.872	0.871
					2	2014.7.1—3	28880	57.76	50.74	0.878		
					3	2014.8.15—17	29025	58.05	50.15	0.864		
	巨宝山2号	500	玉米	喷灌	1	2014.5.1—4	29025	58.05	50.84	0.876	0.869	
					2	2014.7.2—4	30000	60.00	52.61	0.877		
					3	2014.8.14—16	30095	60.19	51.49	0.855		
	巨科学灌溉点	500	玉米	喷灌	1	2014.5.1—3	36600	73.20	64.80	0.885	0.883	0.883
					2	2014.7.1—3	25500	51.00	44.72	0.877		
					3	2014.8.18—20	27800	55.60	49.32	0.887		

表 6-19　基于田间实测法的通辽市科尔沁区样点灌区灌溉水利用系数计算结果

灌区名称	样点灌区	单井控制面积/亩	种植作物	灌溉方式	测试次数	测试日期（年．月．日）	灌溉水量/m^3	毛灌水定额/(m^3/亩)	净灌水定额/(m^3/亩)	灌溉水利用系数		
										单次系数	样点灌区系数	样点灌区均值
科尔沁区	建新1号	310	玉米	低压管灌	1	2014.4.28—30	10326	42.01	33.31	0.793	0.785	0.798
					2	2014.5.23—25	9963	41.05	32.14	0.784		
					3	2014.6.17—19	10187	41.86	32.86	0.785		
					4	2014.7.13—15	9790	40.68	31.58	0.776		
	丰田1号	130	玉米	低压管灌	1	2014.4.30—5.2	4065	42.73	31.27	0.732	0.778	
					2	2014.5.23—25	3943	38.59	30.33	0.786		

续表

灌区名称	样点灌区	单井控制面积/亩	种植作物	灌溉方式	测试次数	测试日期（年．月．日）	灌溉水量/m³	毛灌水定额/(m³/亩)	净灌水定额/(m³/亩)	灌溉水利用系数		
										单次系数	样点灌区系数	样点灌区均值
科尔沁区	丰田1号	130	玉米	低压管灌	3	2014.6.16—18	4031	40.23	31.01	0.771	0.778	0.798
					4	2014.7.11—13	5171	48.22	39.78	0.825		
	西富1号	150	玉米	低压管灌	1	2014.4.25—27	5331	43.25	35.54	0.822	0.806	
					2	2014.5.17—19	5567	47.86	37.11	0.775		
					3	2014.6.12—14	5345	44.21	35.63	0.806		
					4	2014.8.4—6	5262	42.67	35.08	0.822		
	西富2号	200	米玉	低压管灌	1	2014.4.20—22	8264	52.78	41.32	0.783	0.795	
					2	2014.5.13—15	7262	46.56	36.31	0.78		
					3	2014.6.6—8	7298	45.96	36.49	0.794		
					4	2014.7.4—6	7094	43.12	35.47	0.823		
	天庆东1号	156	玉米	低压管灌	1	2013.8.6—11	9677	62.00	50.87	0.82	0.828	
					2	2014.5.1—5	9261	59.33	48.35	0.815		
					3	2014.6.5—9	8845	56.67	46.92	0.828		
					4	2014.7.9—13	8845	56.67	46.66	0.823		
					5	2014.9.3—7	8636	55.33	47.11	0.851		
	天庆东2号	121	玉米	低压管灌	1	2013.8.6—10	7729	63.64	51.20	0.805	0.811	
					2	2014.5.1—4	7177	59.09	48.67	0.824		
					3	2014.6.5—9	7288	60.00	47.23	0.787		
					4	2014.7.9—13	6956	57.27	47.30	0.826		
					5	2014.9.3—6	7067	58.18	47.42	0.815		
	木里图1号	195	玉米	低压管灌	1	2014.5.20—22	1190	53.00	42.97	0.791	0.789	
					2	2014.6.10—12	1260	51.07	41.12	0.784		
					3	2014.7.15—17	1330	53.33	44.22	0.795		
					4	2014.8.29—31	1260	54.05	43.55	0.786		
	木里图2号	179	玉米	低压管灌	1	2014.4.27—29	1050	49.87	40.54	0.792	0.793	
					2	2014.6.9—11	1050	52.24	41.66	0.776		
					3	2014.7.26—28	1190	60.22	48.02	0.779		
					4	2014.8.31—9.2	1120	51.69	43.52	0.825		
	大林1号	168	玉米	低压管灌	1	2014.4.28—30	980	58.66	49	0.82	0.806	
					2	2014.5.22—24	1190	58.80	47.23	0.785		
					3	2014.7.5—7	1120	55.16	45.43	0.806		
					4	2014.8.31—9.2	1050	61.70	51.04	0.812		

续表

灌区名称	样点灌区	单井控制面积/亩	种植作物	灌溉方式	测试次数	测试日期（年.月.日）	灌溉水量/m³	毛灌水定额/(m³/亩)	净灌水定额/(m³/亩)	灌溉水利用系数		
										单次系数	样点灌区系数	样点灌区均值
科尔沁区	钱家店1号	300	玉米	低压管灌	1	2014.4.18—20	1050	58.43	47.48	0.795	0.796	0.798
					2	2014.5.28—30	910	57.15	45.68	0.78		
					3	2014.7.11—13	1050	61.15	49.02	0.784		
					4	2014.8.15—17	840	53.72	45.1	0.823		
	天科学灌溉点	113	玉米	低压管灌	1	2014.5.1—4	6887	61.00	50.93	0.835	0.843	0.843
					2	2014.6.5—8	5645	50.00	41.96	0.839		
					3	2014.7.9—12	6059	53.67	44.98	0.838		
					4	2014.8.2—5	6511	57.67	48.77	0.846		
					5	2014.9.3—6	4892	43.33	37.05	0.855		
	建新2号	177	玉米	膜下滴灌	1	2014.5.5—7	5117	32.88	28.91	0.879	0.879	0.887
					2	2014.6.2—3	5163	32.91	29.17	0.886		
					3	2014.6.25—27	4880	30.91	27.57	0.892		
					4	2014.7.18—20	4899	31.53	27.68	0.878		
					5	2014.8.15—17	4138	27.21	23.38	0.859		
	丰田2号	170	玉米	膜下滴灌	1	2013.5.7—9	4587	30.33	26.98	0.89	0.897	
					2	2013.6.1—3	4738	31.67	27.87	0.88		
					3	2013.6.23—24	4005	25.89	23.56	0.91		
					4	2013.7.15—17	4253	27.89	25.02	0.897		
					5	2013.8.5—7	4199	27.21	24.7	0.908		
	钱家店2号	120	玉米	膜下滴灌	1	2014.4.18—20	910	37.81	33.38	0.869	0.884	
					2	2014.5.28—30	980	41.46	37.19	0.886		
					3	2014.7.11—13	910	35.59	32.18	0.892		
					4	2014.8.15—17	1050	41.90	38.03	0.898		
	建新3号	360	玉米	喷灌	1	2014.4.28—30	10480	33.47	29.11	0.87	0.846	0.846
					2	2014.5.30—6.1	8644	28.76	24.01	0.835		
					3	2014.7.1—3	8518	27.63	23.66	0.856		
					4	2014.8.13—15	6898	23.32	19.16	0.822		
	大林2号	125	玉米	井灌	1	2014.5.15—17	1260	79.85	57.17	0.716	0.704	0.704
					2	2014.6.5—7	1400	79.04	53.75	0.68		
					3	2014.7.12—13	1610	77.36	54.00	0.698		
					4	2014.8.28—30	1330	66.78	48.28	0.723		

表 6-20 基于田间实测法的通辽市开鲁县样点灌区灌溉水利用系数计算结果

灌区名称	样点灌区	单井控制面积/亩	种植作物	灌溉方式	测试次数	测试日期（年．月．日）	灌溉水量/m^3	毛灌水定额/(m^3/亩)	净灌水定额/(m^3/亩)	灌溉水利用系数		
										单次系数	样点灌区系数	样点灌区均值
开鲁县	里仁东地	122	玉米	低压管灌	1	2014.4.28—30	4762	38.97	31.13	0.799	0.804	0.786
					2	2014.6.30—7.2	4791	39.21	32.92	0.840		
					3	2014.7.12—14	4559	37.31	30.01	0.766		
					4	2014.7.28—8.1	3648	29.85	24.56	0.823		
					5	2014.8.27—29	4673	38.24	30.33	0.793		
	里仁西地	32	玉米	低压管灌	1	2014.4.28—30	1077	33.34	25.87	0.776	0.810	
					2	2014.6.30—7.2	1188	36.78	27.94	0.760		
					3	2014.7.12—14	1073	33.21	27.94	0.841		
					4	2014.7.28—8.1	991	30.68	25.14	0.819		
					5	2014.8.27—29	1151	35.63	29.53	0.829		
	丰收南地	79	玉米	低压管灌	1	2013.4.30—5.2	2507	31.73	24.07	0.758	0.770	
					2	2013.6.30—7.1	2292	29.01	22.27	0.768		
					3	2013.7.14—16	2236	28.31	22.13	0.782		
					4	2013.8.5—7	2521	31.91	23.17	0.726		
					5	2013.9.1—3	2379	30.11	24.58	0.816		
	丰收北地	127	玉米	低压管灌	1	2013.4.30—5.2	4401	34.71	25.60	0.737	0.773	
					2	2013.6.30—7.1	3954	31.18	24.70	0.792		
					3	2013.7.14—16	4034	31.81	25.74	0.809		
					4	2013.8.5—7	3621	28.56	22.79	0.798		
					5	2013.9.1—3	3722	29.35	21.39	0.729		
	道德东地	185	红干椒	低压管灌	1	2014.4.28—30	7850	42.34	34.26	0.809	0.790	0.789
					2	2014.6.30—7.2	8007	43.19	35.27	0.817		
					3	2014.7.12—14	7301	39.38	31.07	0.789		
					4	2014.7.28—8.1	8013	43.22	33.45	0.774		
					5	2014.8.27—29	7429	40.07	30.87	0.770		
	道德南地	145	红干椒	低压管灌	1	2014.4.28—30	6245	42.95	33.86	0.788	0.785	
					2	2014.6.30—7.2	5861	40.31	31.28	0.776		
					3	2014.7.12—14	6211	42.72	33.41	0.782		
					4	2014.8.4—7	4664	32.08	69.47	0.819		
					5	2014.8.27—29	6302	43.34	34.74	0.802		

续表

灌区名称	样点灌区	单井控制面积/亩	种植作物	灌溉方式	测试次数	测试日期（年．月．日）	灌溉水量/m^3	毛灌水定额/(m^3/亩)	净灌水定额/(m^3/亩)	灌溉水利用系数		
										单次系数	样点灌区系数	样点灌区均值
开鲁县	三星西地	130	玉米	膜下滴灌	1	2014.5.3—5	3741	8.78	25.45	0.884	0.887	0.892
					2	2014.6.3—5	3189	24.53	22.22	0.906		
					3	2014.6.30—7.2	3696	28.43	24.86	0.874		
					4	2014.7.28—8.1	3202	24.63	21.82	0.886		
					5	2014.8.24—26	2947	22.67	20.44	0.902		
					6	2014.9.2—4	3852	29.63	25.79	0.870		
	三星东地	216	玉米	膜下滴灌	1	2014.5.3—5	5251	24.31	21.76	0.895	0.895	
					2	2014.6.3—5	5709	26.43	23.61	0.893		
					3	2014.6.30—7.2	6020	27.87	24.38	0.875		
					4	2014.7.28—8.1	4970	23.01	21.01	0.913		
					5	2014.8.24—26	4635	21.46	19.25	0.897		
					6	2014.9.2—4	4854	22.47	20.12	0.895		
	道德西地	167	红干椒	膜下滴灌	1	2013.4.28—30	4995	29.91	27.31	0.913	0.916	0.909
					2	2013.5.26—28	4659	27.90	25.03	0.897		
					3	2013.6.30—7.2	6286	37.64	34.81	0.925		
					4	2013.7.18—20	5008	29.99	27.55	0.919		
					5	2013.8.9—11	5606	33.57	30.90	0.921		
					6	2013.8.27—29	5267	31.54	29.03	0.920		
	道德北地	187	红干椒	膜下滴灌	1	2013.4.28—30	5713	30.55	27.85	0.911	0.903	
					2	2013.5.26—28	6554	35.05	32.31	0.922		
					3	2013.6.30—7.2	6145	32.86	29.82	0.907		
					4	2013.7.18—20	6508	34.80	31.62	0.908		
					5	2013.8.9—11	6158	32.93	29.54	0.897		
					6	2013.8.27—29	5980	31.98	27.85	0.871		

2．赤峰市

基于田间实测法的赤峰市松山区、阿鲁科尔沁旗、宁城县灌区样点灌区灌溉水利用系数计算结果见表6-21～表6-23。

表 6-21 基于田间实测法的赤峰市松山区样点灌区灌溉水利用系数计算结果

灌区名称	样点灌区	单井控制面积/亩	种植作物	灌溉方式	测试次数	测试日期（年.月.日）	灌溉水量/m^3	毛灌水定额/(m^3/亩)	净灌水定额/(m^3/亩)	灌溉水利用系数		
										单次系数	样点灌区系数	样点灌区均值
松山区	杨树沟门村	170	玉米	膜下滴灌	1	2014.4.14—5.22	10438	61.40	53.97	0.879	0.866	0.865
					2	2014.6.10—20	11186	65.80	56.12	0.853		
					3	2014.7.15—23	11747	69.10	59.23	0.857		
					4	2014.8.25—31	10268	60.40	52.75	0.873		
	南平房村1号	700	玉米	膜下滴灌	1	2014.4.15—29	36260	51.80	45.58	0.880	0.871	
					2	2014.6.9—26	45010	64.30	56.66	0.881		
					3	2014.7.13—28	43540	62.20	53.02	0.852		
					4	2014.8.10—28	48720	69.60	60.52	0.870		
	小木头沟村	864	玉米	膜下滴灌	1	2014.4.15—30	50630	58.60	50.00	0.853	0.865	
					2	2014.5.8—24	53136	61.50	55.23	0.898		
					3	2014.6.11—24	39744	46.00	40.56	0.882		
					4	2014.7.5—20	51235	59.30	51.02	0.860		
					5	2014.7.24—8.8	54086	62.60	51.90	0.829		
	石匠沟村	445	玉米	膜下滴灌	1	2014.4.15—5.14	30483	68.50	57.17	0.835	0.854	
					2	2014.6.5—15	27190	61.10	53.75	0.880		
					3	2014.7.12—20	29103	65.40	54.00	0.826		
					4	2014.8.15—20	24520	55.10	48.28	0.876		
	画匠沟门村	240	玉米	井灌	1	2014.4.14—16	21840	91.00	72.48	0.797	0.788	0.789
					2	2014.4.28—5.13	12360	51.50	40.68	0.790		
					3	2014.6.13—18	12600	52.50	42.02	0.801		
					4	2014.7.15—8.7	13128	54.70	41.78	0.764		
	南平房村2号	350	玉米	井灌	1	2014.4.15—5.4	33460	95.60	75.38	0.789	0.790	
					2	2014.5.14—24	18970	54.20	43.19	0.797		
					3	2014.7.21—8.3	18830	53.80	42.18	0.784		
					4	2014.8.21—9	19530	55.80	44.03	0.789		

表 6-22 基于田间实测法的赤峰市阿鲁科尔沁旗样点灌区灌溉水利用系数计算结果

灌区名称	样点灌区	单井控制面积/亩	种植作物	灌溉方式	测试次数	测试日期（年．月．日）	灌溉水量/m^3	毛灌水定额/(m^3/亩)	净灌水定额/(m^3/亩)	灌溉水利用系数		
										单次系数	样点灌区系数	样点灌区均值
阿鲁科尔沁旗	通希	500	紫花苜蓿	指针式喷灌	1	2014.4.13—16	6755	13.51	10.68	0.790	0.789	0.795
					2	2014.5.13—20	8580	17.16	13.63	0.795		
					3	2014.6.22—7.10	7375	14.75	11.94	0.810		
					4	2014.7.27—30	7430	14.86	11.68	0.786		
					5	2014.9.7—10	6900	13.80	10.71	0.777		
					6	2014.10.10—15	8335	16.67	12.93	0.776		
	乌拉嘎	500	紫花苜蓿	指针式喷灌	1	2014.4.13—16	6765	13.53	10.33	0.764	0.802	
					2	2014.5.13—20	8355	16.71	13.58	0.813		
					3	2014.6.22—7.10	8235	16.47	12.93	0.785		
					4	2014.7.27—30	7940	15.88	13.08	0.824		
					5	2014.9.7—10	6810	13.62	10.90	0.800		
					6	2014.10.10—15	6900	13.80	11.43	0.828		

表 6-23 基于田间实测法的赤峰市宁城县样点灌区灌溉水利用系数计算结果

灌区名称	样点灌区	单井控制面积/亩	种植作物	灌溉方式	测试次数	测试日期（年．月．日）	灌溉水量/m^3	毛灌水定额/(m^3/亩)	净灌水定额/(m^3/亩)	灌溉水利用系数		
										单次系数	样点灌区系数	样点灌区均值
宁城县	朝阳山	215.3	玉米	膜下滴灌	1	2013.8.2—7	7300	33.91	30.69	0.905	0.906	0.909
					2	2014.5.4—8	6575	30.54	27.54	0.902		
					3	2014.7.18—25	8150	37.85	34.38	0.908		
					4	2014.8.22—28	8774	40.75	37.09	0.910		
	西五家	50.5	玉米	膜下滴灌	1	2013.8.4—6	1564	30.98	28.25	0.912	0.914	
					2	2014.5.7—9	1409	27.91	25.70	0.921		
					3	2014.7.16—18	1779	35.22	32.01	0.909		
					4	2014.8.19—21	1853	36.69	33.57	0.915		
	榆树林子	130.0	玉米	膜下滴灌	1	2013.8.3—6	4273	32.87	29.97	0.912	0.913	
					2	2014.5.4—7	3868	29.75	26.99	0.907		
					3	2014.7.18—21	4770	36.69	33.61	0.916		
					4	2014.8.22—25	4997	38.44	35.25	0.917		

续表

灌区名称	样点灌区	单井控制面积/亩	种植作物	灌溉方式	测试次数	测试日期（年．月．日）	灌溉水量/m³	毛灌水定额/(m³/亩)	净灌水定额/(m³/亩)	灌溉水利用系数		
										单次系数	样点灌区系数	样点灌区均值
宁城县	巴里营子	24.6	玉米	井灌	1	2013.8.5—7	1426	57.97	47.65	0.822	0.823	0.826
					2	2014.5.7—9	1374	55.85	46.30	0.829		
					3	2014.7.16—18	1470	59.76	49.36	0.826		
					4	2014.8.22—23	1510	61.38	49.90	0.813		
	三姓庄	11.5	玉米	井灌	1	2013.8.6—8	676	58.75	49.17	0.837	0.837	
					2	2014.5.10—12	669	58.19	48.88	0.840		
					3	2014.7.25—27	738	64.19	53.15	0.828		
					4	2014.8.20—22	743	64.60	54.39	0.842		
	红庙子	5.5	玉米	井灌	1	2013.8.3—5	325	59.17	48.22	0.815	0.818	
					2	2014.5.4—6	312	56.70	46.44	0.819		
					3	2014.7.18—20	338	61.42	50.49	0.822		
					4	2014.8.22—24	348	63.24	51.67	0.817		
	科学灌溉点	2.0	玉米	膜下滴灌	1	2014.5.4—6	40	19.92	18.35	0.921	0.920	0.920
					2	2014.5.29—31	42	21.24	19.50	0.918		
					3	2014.7.4—6	47	23.60	21.90	0.928		
					4	2014.7.17—19	44	22.09	20.30	0.919		
					5	2014.8.21—23	38	19.01	17.38	0.914		

3. 乌兰察布市

基于田间实测法的乌兰察布市丰镇市、察哈尔右翼前旗、察哈尔右翼后旗和商都县样点灌区灌溉水利用系数计算结果见表6-24和表6-25。

表6-24　基于田间实测法的乌兰察布市丰镇市样点灌区灌溉水利用系数计算结果

灌区名称	样点灌区	单井控制面积/亩	种植作物	灌溉方式	测试次数	测试日期（年．月．日）	灌溉水量/m³	毛灌水定额/(m³/亩)	净灌水定额/(m³/亩)	灌溉水利用系数		
										单次系数	样点灌区系数	样点灌区均值
丰镇市	孔家窑	150	葵花	膜下滴灌	1	2014.5.7—18	7148	53.75	47.65	0.887	0.882	0.882
					2	2014.6.13—22	7019	53.54	46.79	0.874		
					3	2014.7.14—27	7260	54.48	48.4	0.889		
					4	2014.8.16—30	7233	54.79	48.22	0.88		

续表

灌区名称	样点灌区	单井控制面积/亩	种植作物	灌溉方式	测试次数	测试日期（年．月．日）	灌溉水量/m³	毛灌水定额/(m³/亩)	净灌水定额/(m³/亩)	灌溉水利用系数		
										单次系数	样点灌区系数	样点灌区均值
丰镇市	小庄科	265	马铃薯	膜下滴灌	1	2014.6.20—7.1	18081	78.64	68.23	0.868	0.877	0.877
					2	2014.7.18—30	16358	70.38	61.73	0.877		
					3	2014.8.20—30	17331	73.79	65.40	0.886		
	元山村	250	玉米	膜下滴灌	1	2014.4.28—5.10	10710	48.46	42.84	0.884	0.857	0.857
					2	2014.5.18—30	9963	44.80	39.85	0.889		
					3	2014.7.31—8.10	8940	43.39	35.76	0.824		
					4	2014.8.20—9.1	8880	42.72	35.52	0.831		

表 6-25 基于田间实测法的乌兰察布市察哈尔右翼前旗、察哈尔右翼后旗和商都县样点灌区灌溉水利用系数计算结果

灌区名称	样点灌区	单井控制面积/亩	种植作物	灌溉方式	测试次数	测试日期（年．月．日）	灌溉水量/m³	毛灌水定额/(m³/亩)	净灌水定额/(m³/亩)	灌溉水利用系数		
										单次系数	样点灌区系数	样点灌区均值
察哈尔右翼前旗	小土城子	150	马铃薯	膜下滴灌	1	2014.5.5—15	3333	22.22	19.14	0.861	0.871	0.871
					2	2014.6.11—22	3768	25.12	22.52	0.897		
					3	2014.7.14—22	4101	27.34	24.33	0.890		
					4	2014.8.11—25	3333	22.22	18.57	0.836		
察哈尔右翼后旗	贲红村1号	200	马铃薯	膜下滴灌	1	2014.5.7—17	4904	24.52	22.16	0.904	0.879	0.879
					2	2014.6.15—25	5046	25.23	22.52	0.893		
					3	2014.7.16—24	5276	26.38	22.63	0.858		
					4	2014.8.18—28	4462	22.31	19.21	0.861		
	贲红村2号	200	葵花	膜下滴灌	1	2014.5.7—17	6704	33.52	29.20	0.871	0.874	0.874
					2	2014.6.15—25	5242	26.21	22.41	0.855		
					3	2014.7.16—24	4642	23.21	20.28	0.874		
					4	2014.8.18—28	6910	34.55	30.95	0.896		
	古丰村1号井	300	洋葱	喷灌	1	2014.6.5—13	14559	48.53	42.19	0.869	0.866	0.866
					2	2014.7.11—23	7293	24.31	21.24	0.874		
					3	2014.8.12—22	9213	30.71	26.15	0.851		
					4	2014.9.8—18	8667	28.89	25.08	0.868		
商都县	王殿金村1号井	300	马铃薯	膜下滴灌	1	2014.5.15—23	5673	18.91	16.40	0.867	0.872	0.872
					2	2014.6.11—20	8544	28.48	25.23	0.886		
					3	2014.7.10—8.18	9744	32.48	27.98	0.861		
					4	2014.9.3—11	8898	29.66	25.91	0.874		

4. 扎兰屯市

基于田间实测法的扎兰屯市样点灌区灌溉水利用系数计算结果见表6-26。

表6-26　　基于田间实测法的扎兰屯市样点灌区灌溉水利用系数计算结果

灌区名称	样点灌区	单井控制面积/亩	种植作物	灌溉方式	测试次数	测试日期（年.月.日）	灌溉水量/m^3	毛灌水定额/(m^3/亩)	净灌水定额/(m^3/亩)	灌溉水利用系数		
										单次系数	样点灌区系数	样点灌区均值
扎兰屯市	蘑菇气爱国	178.2	玉米	膜下滴灌	1	2014.5.16—20	5792	32.49	28.64	0.881	0.881	0.880
	成吉思汗三队	341.5	玉米	膜下滴灌	1	2014.5.15—23	12454	36.45	31.78	0.872	0.872	
	成吉思汗七队	134.4	玉米	膜下滴灌	1	2014.5.17—21	5116	38.05	34.05	0.895	0.895	
	大河湾向阳	14.9	玉米	膜下滴灌	1	2014.5.16—19	531	35.63	32.23	0.905	0.905	

5. 锡林浩特市

基于田间实测法的锡林浩特市样点灌区灌溉水利用系数计算结果见表6-27。

表6-27　　基于田间实测法的锡林浩特市样点灌区灌溉水利用系数计算结果

灌区名称	样点灌区	单井控制面积/亩	种植作物	灌溉方式	测试次数	测试日期（年.月.日）	灌溉水量/m^3	毛灌水定额/(m^3/亩)	净灌水定额/(m^3/亩)	灌溉水利用系数		
										单次系数	样点灌区系数	样点灌区均值
锡林浩特市	一连	1000	紫花苜蓿	指针式喷灌	1	2014.5.14—31	11038	11.04	10.10	0.915	0.918	0.917
					2	2014.6.3—23	11421	11.42	10.43	0.913		
					3	2014.6.25—23	12580	12.58	11.65	0.926		
	九连	1000	紫花苜蓿	指针式喷灌	1	2014.5.20—25	11345	11.35	10.41	0.918	0.916	
					2	2014.6.4—8	11821	11.82	10.89	0.921		
					3	2014.6.16—20	12096	12.10	11.06	0.914		
					4	2014.7.15—20	11735	11.74	10.80	0.920		
					5	2014.7.25—30	11412	11.41	10.37	0.909		
					6	2014.8.1—6	12089	12.09	11.03	0.912		
	毛登1号	250	青贮玉米	指针式喷灌	1	2014.5.26—29	3325	13.30	12.14	0.913	0.913	0.918
					2	2014.6.3—5	3002	12.01	10.90	0.908		
					3	2014.7.19—22	2892	11.57	10.53	0.910		
					4	2014.7.25—27	3150	12.60	11.52	0.914		
					5	2014.8.4—7	3241	12.96	11.78	0.909		
					6	2014.8.10—12	3428	13.71	12.67	0.924		
	毛登2号	500	青贮玉米	指针式喷灌	1	2014.5.28—30	6009	12.02	11.09	0.923	0.920	
					2	2014.6.4—6	6954	13.91	12.77	0.918		
					3	2014.7.14—17	4821	9.64	8.80	0.913		

续表

灌区名称	样点灌区	单井控制面积/亩	种植作物	灌溉方式	测试次数	测试日期（年．月．日）	灌溉水量/m^3	毛灌水定额/(m^3/亩)	净灌水定额/(m^3/亩)	灌溉水利用系数		
										单次系数	样点灌区系数	样点灌区均值
锡林浩特市	毛登2号	500	青贮玉米	指针式喷灌	4	2014.7.22—26	6458	12.92	11.97	0.927	0.920	0.918
					5	2014.7.30—8.2	6753	13.51	12.41	0.919		
					6	2014.8.5—9	6790	13.58	12.45	0.917		
	白音1号	250	燕麦	指针式喷灌	1	2014.6.1—3	2725	10.90	10.03	0.920	0.919	0.912
					2	2014.6.12—14	2531	10.12	9.29	0.918		
					3	2014.7.8—11	2422	9.69	8.85	0.914		
					4	2014.7.22—25	3309	13.24	12.19	0.921		
					5	2014.8.1—3	2885	11.54	10.65	0.923		
					6	2014.8.8—11	3082	12.33	11.33	0.919		
	白音2号	500	燕麦	指针式喷灌	1	2014.6.2—4	4031	8.06	7.30	0.905	0.908	
					2	2014.6.13—15	4655	9.31	8.47	0.910		
					3	2014.7.16—19	4342	8.68	7.94	0.914		
					4	2014.7.23—26	4658	9.32	8.50	0.912		
					5	2014.8.4—7	4378	8.76	7.94	0.907		
					6	2014.8.9—12	3721	7.44	6.71	0.902		
	科学灌溉点	500	青贮玉米	指针式喷灌	1	2014.5.21—24	7555	15.11	14.05	0.930	0.923	0.923
					2	2014.5.29—1	8896	17.79	16.42	0.923		
					3	2014.6.6—9	10394	20.79	19.12	0.920		
					4	2014.6.15—19	11244	22.49	20.84	0.927		
					5	2014.6.25—29	12155	24.31	22.22	0.914		
					6	2014.7.5—9	13593	27.19	25.06	0.922		
					7	2014.7.13—17	15288	30.58	28.07	0.918		
					8	2014.7.22—26	14553	29.11	26.95	0.926		
					9	2014.8.2—6	14242	28.48	26.29	0.923		
					10	2014.8.12—15	7695	15.39	14.30	0.929		
					11	2014.8.19—22	7481	14.96	13.79	0.922		

6.1.2.2 基于水量平衡法田间水利用效率计算

测试年各灌区不同样点灌区全生育期内地下水位埋深均大于5m，由此可见，全生育期不同阶段作物根系对地下水的利用量为零。基于本报告第4章作物蒸腾蒸发量与有效降水量的计算结果，采用第3章水量平衡法可计算出各灌区不同样点灌区全生育期的净灌溉定额与灌溉水利用系数。

1. 通辽市

基于水量平衡法的通辽市奈曼旗、科尔沁左翼中旗、科尔沁区和开鲁县各样点灌区灌溉水利用系数计算结果见表6-28～表6-31。

表6-28　基于水量平衡法的通辽市奈曼旗样点灌区灌溉水利用系数计算结果

灌区名称	样点灌区	种植作物	灌溉方式	作物腾发量 ET_c /mm	有效降水量 P_e /mm	地下水利用量 G_e /mm	土壤储水量 ΔW /mm	净灌溉定额 /mm	净灌溉定额 /(m³/亩)	毛灌溉定额 /(m³/亩)	灌溉水利用系数	
											系数	样点灌区均值
奈曼旗	舍力虎农13号	玉米	低压管灌	563.25	261.27	0	70.33	231.65	154.44	178.62	0.865	0.809
	舍力虎农14号	玉米	低压管灌	562.61	262.23	0	70.49	229.89	153.26	183.00	0.837	
	希勃图11号	玉米	低压管灌	559.64	218.22	0	5.40	336.01	224.12	310.83	0.721	
	希勃图13号	玉米	低压管灌	559.65	217.47	0	6.12	336.06	224.15	301.37	0.744	
	代筒村1号	玉米	低压管灌	588.25	163.28	0	81.99	342.99	228.66	271.43	0.842	
	代筒村2号	玉米	低压管灌	588.68	163.31	0	81.41	343.96	229.31	273.64	0.838	
	伊和乌素1号	玉米	膜下滴灌	573.55	243.57	0	16.69	313.29	208.86	247.69	0.843	0.838
	伊和乌素2号	玉米	膜下滴灌	573.54	243.60	0	15.41	314.53	209.69	251.38	0.834	
	伊科学灌溉点	玉米	膜下滴灌	573.61	243.39	0	21.41	308.81	205.87	216.80	0.950	0.950

表6-29　基于水量平衡法的通辽市科尔沁左翼中旗样点灌区灌溉水利用系数计算结果

灌区名称	样点灌区	种植作物	灌溉方式	作物腾发量 ET_c /mm	有效降水量 P_e /mm	地下水利用量 G_e /mm	土壤储水量 ΔW /mm	净灌溉定额 /mm	净灌溉定额 /(m³/亩)	毛灌溉定额 /(m³/亩)	灌溉水利用系数	
											系数	样点灌区均值
科尔沁左翼中旗	扎如德仓1号	玉米	膜下滴灌	570.09	181.16	0	67.33	321.61	214.40	234.12	0.916	0.909
	扎如德仓2号	玉米	膜下滴灌	569.95	181.12	0	66.49	322.34	214.89	238.06	0.903	
	巴彦柴达木6号	玉米	低压管灌	555.63	224.42	0	76.29	254.92	169.95	190.43	0.892	0.883
	巴彦柴达木7号	玉米	低压管灌	555.52	218.74	0	84.03	252.75	168.50	193.02	0.873	
	巨宝山1号	玉米	喷灌	558.54	249.81	0	76.76	231.97	154.65	175.04	0.883	0.884
	巨宝山2号	玉米	喷灌	558.52	248.72	0	73.11	236.69	157.79	178.24	0.885	
	巨科学灌溉点	玉米	喷灌	558.53	249.05	0	69.86	239.62	159.75	179.80	0.888	0.888

表6-30　基于水量平衡法的通辽市科尔沁区样点灌区灌溉水利用系数计算结果

灌区名称	样点灌区	种植作物	灌溉方式	作物腾发量 ET_c /mm	有效降水量 P_e /mm	地下水利用量 G_e /mm	土壤储水量 ΔW /mm	净灌溉定额 /mm	净灌溉定额 /(m³/亩)	毛灌溉定额 /(m³/亩)	灌溉水利用系数	
											系数	样点灌区均值
科尔沁区	建新1号	玉米	低压管灌	498.46	222.54	0	91.45	184.47	215.96	268.62	0.803	0.803
	丰田1号	玉米	低压管灌	526.82	233.71	0	96.58	196.52	227.54	288.62	0.788	
	西富1号	玉米	低压管灌	507.92	248.43	0	91.66	167.84	209.80	250.83	0.836	
	西富2号	玉米	低压管灌	507.92	248.43	0	91.66	167.84	209.80	251.37	0.834	
	天庆东1号	玉米	低压管灌	567.22	165.39	0	65.12	336.71	224.48	290.00	0.774	
	天庆东2号	玉米	低压管灌	566.33	175.26	0	58.69	332.39	221.59	298.18	0.743	

续表

灌区名称	样点灌区	种植作物	灌溉方式	作物腾发量 ET_c /mm	有效降水量 P_e /mm	地下水利用量 G_e /mm	土壤储水量 ΔW /mm	净灌溉定额 /mm	净灌溉定额 /(m^3/亩)	毛灌溉定额 /(m^3/亩)	灌溉水利用系数	
											系数	样点灌区均值
科尔沁区	木里图1号	玉米	低压管灌	519.44	172.52	0	88.08	258.84	172.65	212.45	0.813	0.803
	木里图2号	玉米	低压管灌	518.70	172.52	0	89.18	257.00	171.42	214.03	0.801	
	大林1号	玉米	低压管灌	551.22	181.54	0	87.56	282.12	188.17	234.32	0.803	
	钱家店1号	玉米	低压管灌	542.36	179.78	0	84.07	278.51	185.77	230.46	0.806	
	天科学灌溉点	玉米	低压管灌	564.42	161.65	0	65.41	337.36	224.91	265.67	0.847	0.847
	建新2号	玉米	膜下滴灌	536.20	239.78	0	98.35	198.07	198.86	217.69	0.913	0.911
	丰田2号	玉米	膜下滴灌	524.06	238.40	0	95.84	189.82	189.76	211.38	0.897	
	钱家店2号	玉米	膜下滴灌	542.36	179.78	0	90.66	271.92	181.37	195.74	0.927	0.911
	建新3号	玉米	喷灌	489.84	242.39	0	88.19	159.26	203.88	236.82	0.860	0.860
	大林2号	玉米	井灌	551.22	181.54	0	87.39	282.29	188.29	303.03	0.621	0.621

表6-31 基于水量平衡法的通辽市开鲁县样点灌区灌溉水利用系数计算结果

灌区名称	样点灌区	种植作物	灌溉方式	作物腾发量 ET_c /mm	有效降水量 P_e /mm	地下水利用量 G_e /mm	土壤储水量 ΔW /mm	净灌溉定额 /mm	净灌溉定额 /(m^3/亩)	毛灌溉定额 /(m^3/亩)	灌溉水利用系数	
											系数	样点灌区均值
开鲁县	里仁东地	玉米	低压管灌	418.31	120.35	0	90.35	207.61	138.48	183.58	0.754	0.779
	里仁西地	玉米	低压管灌	418.31	120.35	0	90.35	207.61	138.48	169.64	0.816	
	丰收北地	玉米	低压管灌	398.87	127.91	0	90.66	180.30	120.26	151.08	0.796	
	丰收南地	玉米	低压管灌	398.87	127.91	0	90.66	180.30	120.26	155.60	0.773	
	道德东地	红干椒	低压管灌	437.09	105.64	0	84.70	246.76	164.59	208.19	0.791	0.802
	道德南地	红干椒	低压管灌	437.09	105.64	0	84.70	246.76	164.59	201.38	0.817	
	三星西地	玉米	膜下滴灌	415.99	124.87	0	90.54	200.59	133.79	158.67	0.843	0.898
	三星东地	玉米	膜下滴灌	415.99	124.87	0	90.54	200.59	133.79	145.55	0.919	
	道德西地	红干椒	膜下滴灌	445.34	106.71	0	85.07	253.56	169.12	190.54	0.888	0.870
	道德北地	红干椒	膜下滴灌	445.34	106.71	0	85.07	253.56	169.12	198.17	0.853	

2. 赤峰市

基于水量平衡法的赤峰市松山区、阿鲁科尔沁旗和宁城县灌区各样点灌区灌溉水利用系数计算结果见表6-32～表6-34。

3. 乌兰察布市

基于水量平衡法的乌兰察布市丰镇市、察右前旗、察右后旗和商都县各样点灌区灌溉水利用系数计算结果见表6-35和表6-36。

4. 扎兰屯市

基于水量平衡法的扎兰屯市样点灌区灌溉水利用系数计算结果见表6-37。

表 6-32　基于水量平衡法的赤峰市松山区样点灌区灌溉水利用系数计算结果

灌区名称	样点灌区	种植作物	灌溉方式	作物腾发量 ET_c /mm	有效降水量 P_e /mm	地下水利用量 G_e /mm	土壤储水量 ΔW /mm	净灌溉定额 /mm	净灌溉定额 /(m³/亩)	毛灌溉定额 /(m³/亩)	灌溉水利用系数	
											系数	样点灌区均值
松山区	杨树沟门村	玉米	膜下滴灌	519.83	97.00	0	78.08	344.75	229.84	256.70	0.895	0.907
	南平房村1号	玉米	膜下滴灌	503.59	87.83	0	79.17	336.59	224.39	247.90	0.905	
	小木头沟村	玉米	膜下滴灌	495.33	86.45	0	27.53	381.35	254.23	288.00	0.916	
	石匠沟村	玉米	膜下滴灌	504.82	87.91	0	77.09	339.82	226.55	250.10	0.906	0.907
	画匠沟门村	玉米	井灌	483.99	97.15	0	84.07	302.77	201.85	249.70	0.808	0.762
	南平房村2号	玉米	井灌	468.03	153.22	0	30.63	284.18	189.45	259.40	0.730	

表 6-33　基于水量平衡法的赤峰市阿鲁科尔沁旗样点灌区灌溉水利用系数计算结果

灌区名称	样点灌区	种植作物	灌溉方式	作物腾发量 ET_c /mm	有效降水量 P_e /mm	地下水利用量 G_e /mm	土壤储水量 ΔW /mm	净灌溉定额 /mm	净灌溉定额 /(m³/亩)	毛灌溉定额 /(m³/亩)	灌溉水利用系数	
											系数	样点灌区均值
阿鲁科尔沁旗	通希	紫花苜蓿	第一茬	205.4	88.6	0	42.37	383.50	255.67	304.13	0.841	0.834
			第二茬	193.0	34.4	0	42.37					
			第三茬	180.8	71.2	0	42.37					
			保根育苗期	45.3	7.3	0	42.37					
	乌拉嘎	紫花苜蓿	第一茬	205.7	86.9	0	59.41	375.58	240.88	290.31	0.830	
			第二茬	192.8	33.1	0	59.41					
			第三茬	178.7	71.3	0	59.41					
			保根育苗期	45.2	7.3	0	59.41					

表 6-34　基于水量平衡法的赤峰市宁城县样点灌区灌溉水利用系数计算结果

灌区名称	样点灌区	种植作物	灌溉方式	作物腾发量 ET_c/mm		有效降水量 P_e/mm		地下水利用量 G_e/mm		土壤储水量变化量 ΔW/mm		净灌溉定额 /mm		净灌溉定额 /(m³/亩)		毛灌溉定额 /(m³/亩)		灌溉水利用系数	
				2013年	2014年	2013年	2014年	2013年	2014年	2013年	2014年	2013年	2014年	2013年	2014年	2013年	2014年	系数	样点灌区均值
宁城县	朝阳山	玉米	膜下滴灌	465.03	474.52	245.82	220.66	0	0	172.68	107.29	46.53	146.56	31.04	97.76	33.92	109.11	0.906	0.908
	西五家	玉米	膜下滴灌	454.76	464.04	246.86	221.60	0	0	165.76	104.22	42.14	138.22	28.10	92.19	30.98	99.77	0.916	
	榆树林子	玉米	膜下滴灌	467.44	476.98	255.23	229.11	0	0	167.38	105.33	44.83	142.54	29.90	95.07	32.86	104.82	0.909	
	巴里营子	玉米	井灌	466.98	476.51	254.17	228.16	0	0	142.14	30.55	70.67	217.80	47.14	145.27	57.98	176.94	0.817	0.818
	三姓庄	玉米	井灌	469.37	478.94	246.08	220.90	0	0	150.78	35.13	72.51	222.92	48.36	148.69	58.76	187.03	0.809	
	红庙子	玉米	井灌	473.69	483.35	251.32	225.60	0	0	148.66	28.22	73.71	229.53	49.16	153.10	59.16	181.40	0.838	
	科学灌溉点	玉米	膜下滴灌	—	474.52	—	220.66	—	0	—	106.12	—	147.73	—	98.54	—	105.84	0.931	0.931

表 6-35 基于水量平衡法的乌兰察布市丰镇市样点灌区灌溉水利用系数计算结果

灌区名称	样点灌区	种植作物	灌溉方式	作物腾发量 ET_c /mm	有效降水量 P_e /mm	地下水利用量 G_e /mm	土壤储水量 ΔW /mm	净灌溉定额 /mm	净灌溉定额 /(m^3/亩)	毛灌溉定额 /(m^3/亩)	灌溉水利用系数	
											系数	样点灌区均值
丰镇市	孔家窑	葵花	膜下滴灌	467.20	107.70	0	73.79	284.28	190.47	216.56	0.880	0.880
	小庄科	马铃薯	膜下滴灌	515.84	138.70	0	61.45	301.28	201.86	222.81	0.906	0.906
	元山村	玉米	膜下滴灌	453.67	161.80	0	74.35	229.28	153.62	179.37	0.856	0.856

表 6-36 基于水量平衡法的乌兰察布市其他样点灌区灌溉水利用系数计算结果

灌区名称	样点灌区	种植作物	灌溉方式	作物腾发量 ET_c /mm	有效降水量 P_e /mm	地下水利用量 G_e /mm	土壤储水量 ΔW /mm	净灌溉定额 /mm	净灌溉定额 /(m^3/亩)	毛灌溉定额 /(m^3/亩)	灌溉水利用系数	
											系数	样点灌区均值
察哈尔右翼前旗	小土城子	马铃薯	膜下滴灌	369.17	210.32	0	24.76	134.09	89.44	100.05	0.889	0.889
察哈尔右翼后旗	贲红村1号井	马铃薯	膜下滴灌	350.51	184.6	0	21.53	144.38	96.30	107.54	0.895	0.895
	贲红村2号井	葵花	膜下滴灌	343.77	184.6	0	21.41	137.76	91.88	102.65	0.895	0.895
	古丰村1号井	洋葱	喷灌	373.3	165.7	0	28.66	172.88	115.31	129.44	0.891	0.891
商都县	王殿金村1号井	马铃薯	膜下滴灌	375.04	203.74	0	23.89	146.53	97.74	109.53	0.892	0.892

表 6-37 基于水量平衡法的扎兰屯样点灌区灌溉水利用系数计算结果

灌区名称	样点灌区	种植作物	灌溉方式	作物腾发量 ET_c /mm	有效降水量 P_e /mm	地下水利用量 G_e /mm	土壤储水量 ΔW /mm	净灌溉定额 /mm	净灌溉定额 /(m^3/亩)	毛灌溉定额 /(m^3/亩)	灌溉水利用系数	
											系数	样点灌区均值
扎兰屯市	蘑菇气爱国	玉米	膜下滴灌	377.92	268.17	0	66.20	43.55	29.05	32.49	0.894	0.891
	成吉思汗三队	玉米	膜下滴灌	383.11	282.87	0	51.78	48.46	32.32	36.45	0.886	
	成吉思汗七队	玉米	膜下滴灌	380.88	295.75	0	33.89	51.25	34.18	38.05	0.898	
	大河湾向阳	玉米	膜下滴灌	381.98	283.91	0	49.35	48.72	32.50	35.63	0.912	

5. 锡林浩特市

基于水量平衡法的锡林浩特市样点灌区灌溉水利用系数计算结果见表 6-38。

6.1.2.3 样点灌区灌溉水利用系数计算

将基于田间实测法和水量平衡法计算出的各灌区不同灌溉方式下不同种植作物的灌溉水利用系数汇总，取两种方法的均值作为样点灌区的灌溉水利用系数。

表 6-38 基于水量平衡法的锡林浩特样点灌区灌溉水利用系数计算结果

灌区名称	样点灌区	种植作物	灌溉方式	作物腾发量 ET_c /mm	有效降水量 P_e /mm	地下水利用量 G_e /mm	土壤储水量 ΔW /mm	净灌溉定额 /mm	净灌溉定额 /(m^3/亩)	毛灌溉定额 /(m^3/亩)	灌溉水利用系数	
											系数	样点灌区均值
锡林浩特市	一连	紫花苜蓿	指针式喷灌	253.96	66.42	0	2.62	184.92	123.34	133.34	0.925	0.924
	九连	紫花苜蓿	指针式喷灌	253.63	66.39	0	2.60	184.65	123.16	133.43	0.923	
	毛登1号	青贮玉米	指针式喷灌	431.79	85.08	0	4.57	342.13	228.20	249.67	0.914	0.915
	毛登2号	青贮玉米	指针式喷灌	431.79	86.55	0	3.08	342.16	228.22	249.42	0.915	
	白音1号	燕麦	指针式喷灌	367.90	70.26	0	2.61	202.62	135.14	145.63	0.928	0.920
	白音2号	燕麦	指针式喷灌	367.90	70.27	0	2.61	202.54	135.09	147.48	0.916	
	科学灌溉点	青贮玉米	指针式喷灌	431.79	85.08	0	4.55	342.16	228.22	246.19	0.927	0.927

1. 通辽市

通辽市样点灌区不同灌溉方式下不同作物的灌溉水利用系数计算结果见表 6-39。

表 6-39 通辽市样点灌区不同灌溉方式下不同作物的灌溉水利用系数计算结果

样点灌区	种植作物	灌溉方式	灌溉水利用系数		
			田间实测法	水量平衡法	样点灌区系数
奈曼旗	玉米	低压管灌	0.831	0.809	0.820
		膜下滴灌	0.909	0.838	0.874
科尔沁左翼中旗	玉米	低压管灌	0.846	0.883	0.865
		膜下滴灌	0.904	0.908	0.906
		喷灌	0.871	0.884	0.878
科尔沁区	玉米	低压管灌	0.798	0.803	0.805
		膜下滴灌	0.887	0.911	0.899
		喷灌	0.846	0.860	0.853
		井灌	0.724	0.621	0.673
开鲁县	玉米	低压管灌	0.798	0.779	0.789
		膜下滴灌	0.889	0.898	0.894
	红干椒	低压管灌	0.789	0.802	0.796
		膜下滴灌	0.909	0.870	0.890

2. 赤峰市

赤峰市样点灌区不同灌溉方式下不同作物的灌溉水利用系数计算结果见表6-40。

表6-40　赤峰市样点灌区不同灌溉方式下不同作物的灌溉水利用系数计算结果

样点灌区	种植作物	灌溉方式	灌溉水利用系数		
			田间实测法	水量平衡法	样点灌区系数
松山区	玉米	井灌	0.789	0.762	0.776
		膜下滴灌	0.865	0.907	0.886
阿鲁科尔沁旗	紫花苜蓿	喷灌	0.795	0.834	0.815
宁城县	玉米	井灌	0.826	0.818	0.822
		膜下滴灌	0.909	0.908	0.909

3. 乌兰察布市

乌兰察布市样点灌区不同灌溉方式下不同作物的灌溉水利用系数计算结果见表6-41。

表6-41　乌兰察布市各样点灌区不同灌溉方式下不同作物的灌溉水利用系数计算结果

样点灌区	种植作物	灌溉方式	灌溉水利用系数		
			田间实测法	水量平衡法	样点灌区系数
丰镇市	葵花	膜下滴灌	0.882	0.880	0.881
	马铃薯	膜下滴灌	0.877	0.906	0.892
	玉米	膜下滴灌	0.857	0.856	0.857
察哈尔右翼前旗	马铃薯	膜下滴灌	0.871	0.889	0.880
察哈尔右翼后旗	马铃薯	膜下滴灌	0.879	0.895	0.887
	葵花	膜下滴灌	0.874	0.895	0.885
	洋葱	喷灌	0.866	0.891	0.879
商都县	马铃薯	膜下滴灌	0.872	0.892	0.882

4. 扎兰屯市

扎兰屯市样点灌区的灌溉水利用系数计算结果见表6-42。

表6-42　扎兰屯市样点灌区灌溉水利用系数计算结果

样点灌区	种植作物	灌溉方式	灌溉水利用系数		
			田间实测法	水量平衡法	样点灌区系数
扎兰屯市	玉米	膜下滴灌	0.880	0.891	0.886

5. 锡林浩特市

锡林浩特市样点灌区不同作物的灌溉水利用系数计算结果见表6-43。

表 6-43 锡林浩特市样点灌区灌溉水利用系数计算结果

样点灌区	种植作物	灌溉方式	灌溉水利用系数		
			田间实测法	水量平衡法	样点灌区系数
锡林浩特市	紫花苜蓿	指针式喷灌	0.917	0.924	0.921
	青贮玉米	指针式喷灌	0.918	0.915	0.917
	燕麦	指针式喷灌	0.912	0.920	0.916

6.1.2.4 样点灌区灌溉水利用效率分析与评估

1. 通辽市

奈曼旗各样点灌区种植作物均为玉米，见图 6-12。对于 6 个低压管灌样点灌区而言，其中 4 个样点灌区基于田间实测法和水量平衡法计算的灌溉水利用系数较为接近，另外 2 个样点灌区基于水量平衡法的计算结果偏小，总体而言，随着样点灌区面积的增大，灌溉水利用系数呈减小的趋势。膜下滴灌灌溉水利用系数均值比低压管灌大 0.054，灌溉效率提高 6.6%，毛灌水定额降低 19.4m^3/亩，但是玉米产量反而有所下降，这与样点灌区的土壤性质、水热条件等因素还存在一定的关系。膜下滴灌科学灌溉点灌溉水利用系数均值为 0.938，比当地实际灌溉情况下膜下滴灌灌溉水利用系数大 0.064，灌溉效率提高 7.3%，毛灌水定额降低 4.1m^3/亩，玉米产量提高 5.6%，可见外部条件相同的情况下，采用科学的灌溉方式可以起到节水增粮的效果。

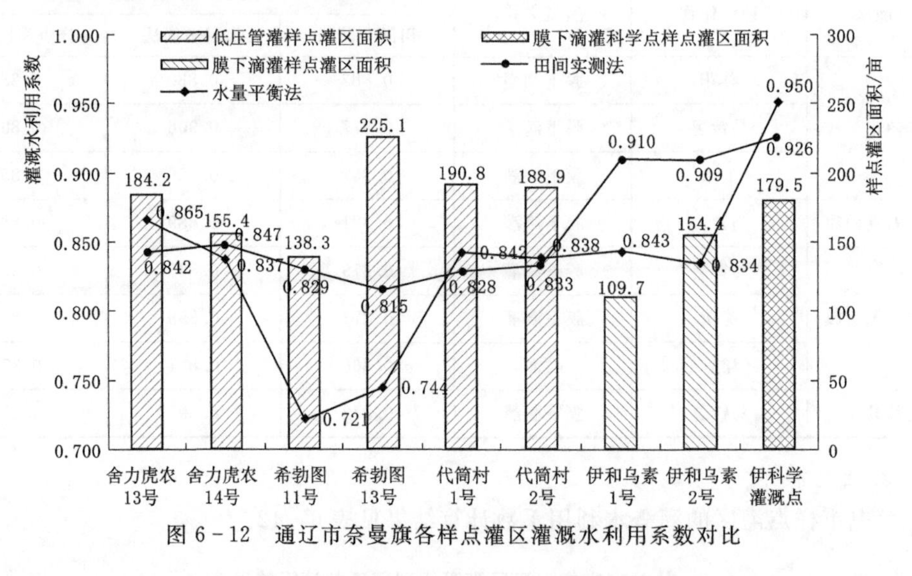

图 6-12 通辽市奈曼旗各样点灌区灌溉水利用系数对比

科尔沁左翼中旗各样点灌区种植作物均为玉米。各样点灌区基于田间实测法和水量平衡法的计算出的灌溉水利用系数较为接近。由图 6-13 可见，膜下滴灌灌溉水利用系数最大，平均为 0.906；喷灌次之，平均为 0.878；低压管灌最小，平均为 0.865。相对于低压管灌的方式，喷灌和膜下滴灌灌溉效率分别提高 1.5%和 4.7%，毛灌水定额分别降低 36.3m^3/亩和 70.9m^3/亩，玉米产量分别提高 17.1%和 13.8%。喷灌科学灌溉点灌溉水利用系数均值为 0.883，比当地实际灌溉情况下喷灌灌溉水利用系数大 0.005，灌溉效率提高 0.5%，但全生育期并没有明显节水，究其原因可能是本次喷灌效率对比测试次数偏

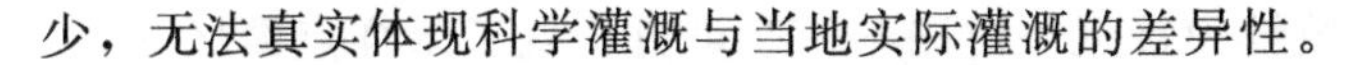
少，无法真实体现科学灌溉与当地实际灌溉的差异性。

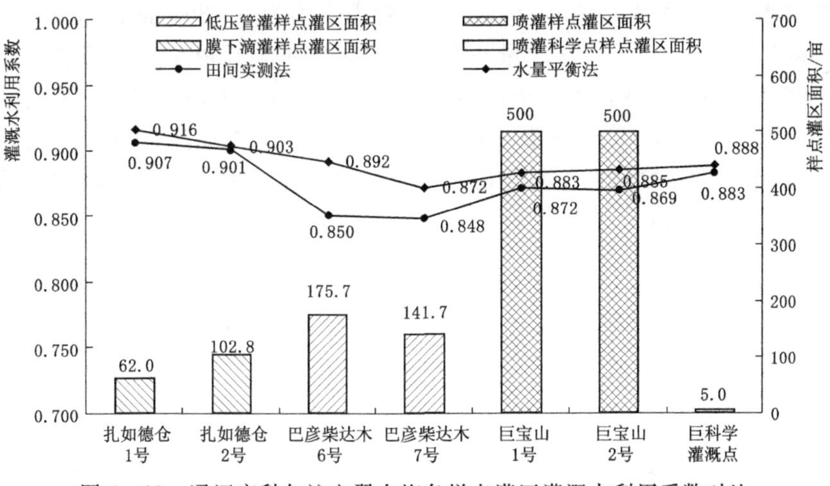

图 6-13 通辽市科尔沁左翼中旗各样点灌区灌溉水利用系数对比

科尔沁区各样点灌区种植作物均为玉米。总体而言，各样点灌区基于田间实测法和水量平衡法计算出的灌溉水利用系数较为接近。由图 6-14 可见，对于 10 个低压管灌样点灌区而言，随着样点灌区面积的增大，灌溉水利用系数总体呈减小的趋势。膜下滴灌灌溉水利用系数最大，平均为 0.897；喷灌次之，平均为 0.853；低压管灌最小，平均为 0.799。相对于低压管灌的方式，喷灌和膜下滴灌灌溉效率分别提高 6.8%和 12.3%，毛灌水定额分别降低 21.9m³/亩和 20.3m³/亩，玉米产量分别提高 10.4%和 16.1%。但是与喷灌相比，外部条件相同的情况下，膜下滴灌毛灌水定额并没有显著降低，这反映出即使使用膜下滴灌的节水方式，但当地灌水仍然粗放，例如单次灌水时间偏长、灌水强度偏大等问题，普遍存在浪费的现象。

开鲁县西辽河灌区灌区种植作物均为玉米和红干椒。各样点灌区基于田间实测法和水

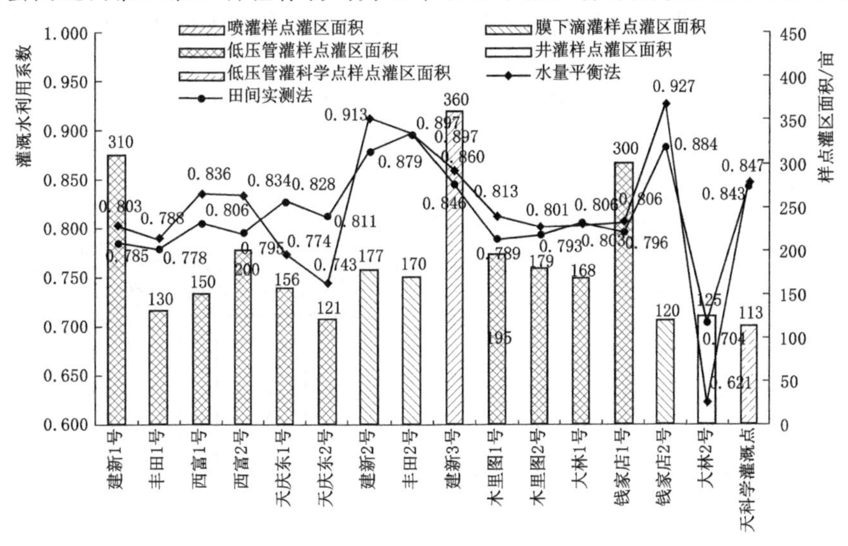

图 6-14 通辽市科尔沁区各样点灌区灌溉水利用系数对比

量平衡法的计算出的灌溉水利用系数较为接近。由图6-15可见，就玉米样点灌区而言，膜下滴灌灌溉水利用系数平均为0.894，低压管灌平均为0.789，灌溉效率提高13.3%，毛灌水定额降低7.6m³/亩，玉米产量并没有提高，这主要是由于膜下滴灌和低压管灌的样点灌区不在同一测试区域，外部条件不一致导致的。就红干椒样点灌区而言，膜下滴灌灌溉水利用系数平均为0.890，管灌平均为0.796，灌溉效率提高11.8%，毛灌水定额降低8.6m³/亩，但是同一区域4个样点灌区的产量也存在较大的差异，测试结果无法表明膜下滴灌比管灌的产量高。

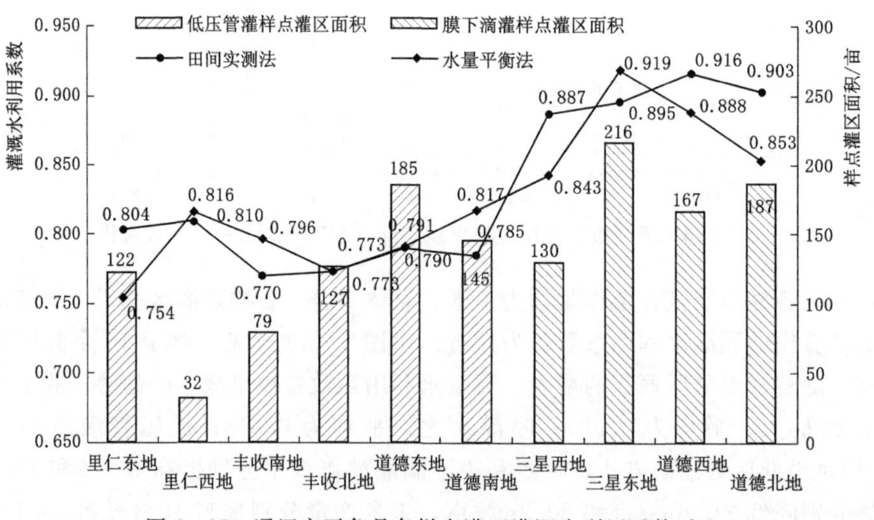

图6-15　通辽市开鲁县各样点灌区灌溉水利用系数对比

2. 赤峰市

松山区种植作物为玉米。各样点灌区基于田间实测法和水量平衡法的计算出的灌溉水利用系数较为接近。由图6-16可见，就玉米样点灌区而言，膜下滴灌灌溉水利用系数平均为0.886，井灌平均为0.776，灌溉效率提高14.2%，毛灌水定额降低2.3m³/亩，

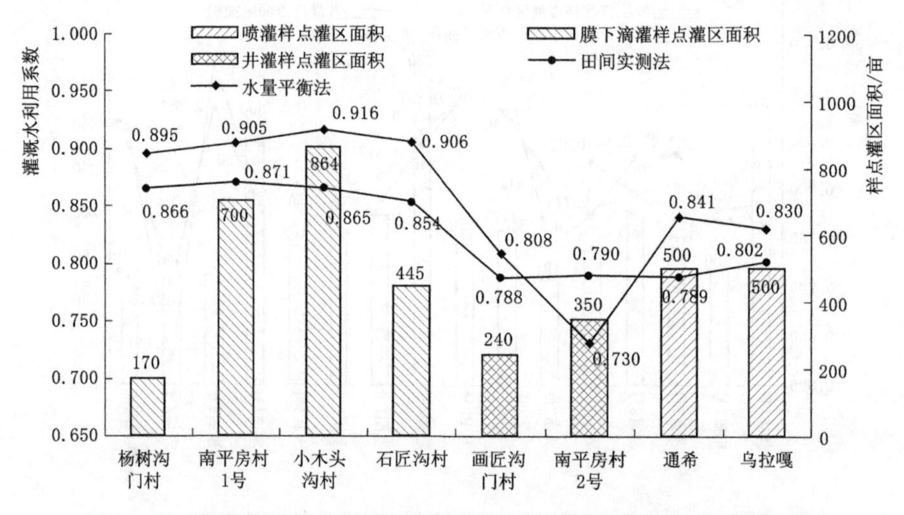

图6-16　赤峰市松山区和阿鲁科尔沁旗各样点灌区灌溉水利用系数对比

玉米产量提高 20.3%。但节水效果并不显著，实际测试当地膜下滴灌毛灌水定额达 60m³/亩。

阿鲁科尔沁旗种植作物为紫花苜蓿，采用指针式喷灌的灌溉方式，测试样点灌区为通希和乌拉嘎，见图 5-16。紫花苜蓿喷灌灌溉水利用系数平均为 0.815，测试结果明显偏低，这主要是由于这两个样点灌区的土壤全部为砂土，持水性差，灌水易于渗漏造成的。

宁城县甸子灌区种植作物均为玉米。总体而言，各样点灌区基于田间实测法和水量平衡法的计算出的灌溉水利用系数较为接近。由图 6-17 可见，对于井灌和膜下滴灌样点灌区而言，随着样点灌区面积的增大，灌溉水利用系数总体呈减小的趋势。膜下滴灌灌溉水利用系数平均为 0.909，井灌平均为 0.822，灌溉效率提高 10.6%，毛灌水定额降低 25.8m³/亩，玉米产量提高 23.2%。将朝阳山样点灌区与其科学试验点相比较可以看出，科学灌溉点的灌溉水利用系数为 0.925，当地实际灌溉水利用系数为 0.906，效率提高 2.1%，毛灌水定额降低 13.1m³/亩。由此可见，采用膜下滴灌的灌溉方式在当地能够起到明显的节水增粮效果，且如果进一步优化灌溉制度和田间管理经验，灌溉水利用效率还有进一步提升的空间。

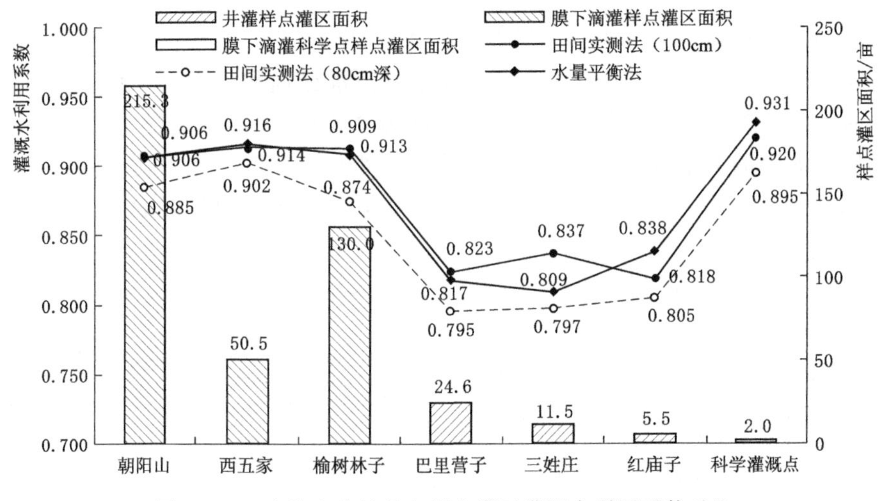

图 6-17 赤峰市宁城县各样点灌区灌溉水利用系数对比

3. 乌兰察布市

由图 6-18 可见，丰镇市种植作物包括葵花、马铃薯和玉米，均采用膜下滴灌方式，灌溉水利用系数分别为 0.881、0.892 和 0.857，毛灌水定额平均为 54.1m³/亩、74.3m³/亩和 44.8m³/亩。察右前旗马铃薯膜下滴灌灌溉水利用系数为 0.880，毛灌水定额平均为 24.2m³/亩。察哈尔右翼后旗种植作物包括马铃薯、葵花和洋葱，灌溉水利用系数分别为 0.887、0.885 和 0.879，毛灌水定额平均为 24.6m³/亩、29.4m³/亩和 33.1m³/亩。商都县马铃薯膜下滴灌灌溉水利用系数为 0.882，毛灌水定额平均为 27.4m³/亩。可以看出，乌兰察布市各灌区不同作物的灌溉水利用系数变化不大，且均符合规范要求。但与其他几个灌区相比，丰镇市葵花、马铃薯的毛灌水定额明显偏大，这主要是丰镇市有效降水量明显偏少，需要增大灌水量以满足作物生长耗水。

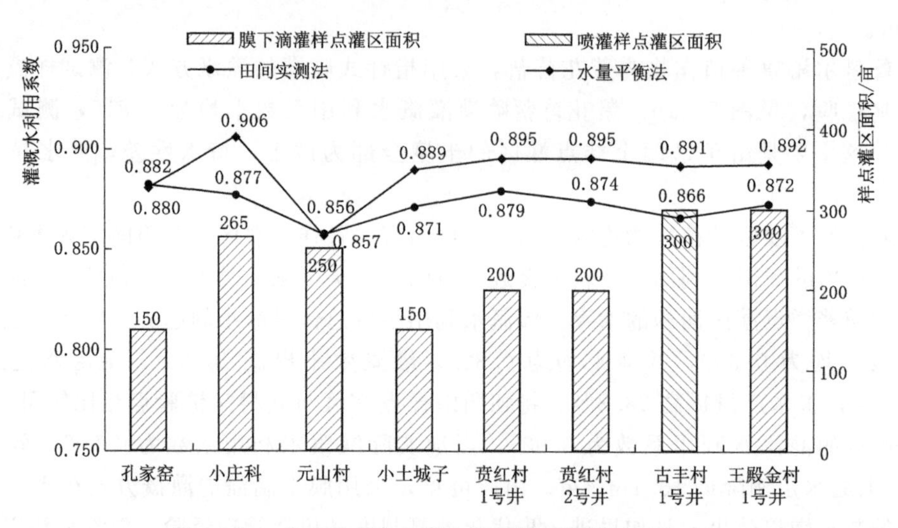

图6-18　乌兰察布市各样点灌区灌溉水利用系数对比

4. 扎兰屯市

扎兰屯市种植作物均为玉米。各样点灌区基于田间实测法和水量平衡法的计算出的灌溉水利用系数较为接近。由图6-19可见，随着样点灌区面积的增大，灌溉水利用系数总体呈减小的趋势。膜下滴灌灌溉水利用系数平均为0.886，毛灌水定额平均为35.7m^3/亩。虽然采用膜下滴灌的节水方式，但当地也存在灌水粗放的问题，因为扎兰屯市易春旱，播种后第一水尤其重要，因此农民灌水时间普遍延长，造成不必要的渗漏。

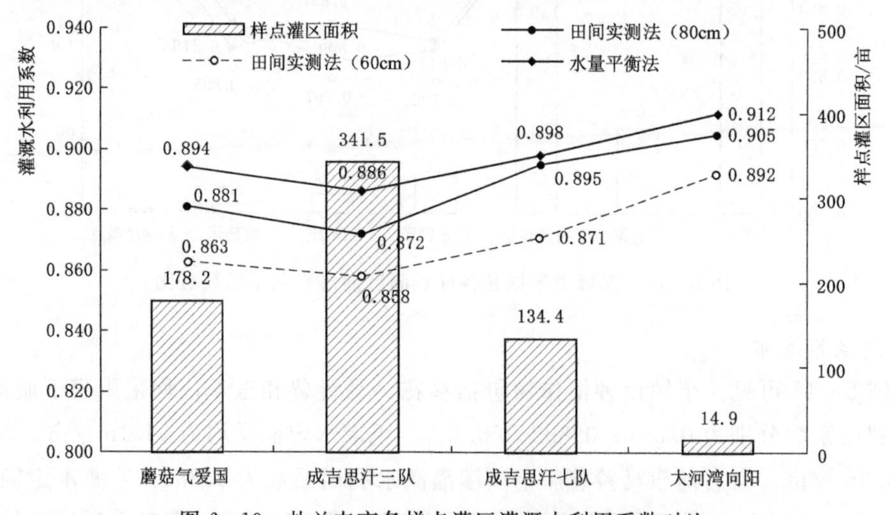

图6-19　扎兰屯市各样点灌区灌溉水利用系数对比

5. 锡林浩特市

锡林浩特市人工牧草灌区种植作物为紫花苜蓿、青贮玉米和燕麦，均采用指针式喷灌，见图6-20。紫花苜蓿样点灌区灌溉水利用系数平均为0.921，青贮玉米样点灌区平均为0.917，燕麦样点灌区平均为0.916，均满足《牧区草地灌溉与排水技术规范》（SL

334—2016）中规定的喷灌饲草料地的灌溉水利用系数 0.850 的要求。相比较而言，青贮玉米毛灌水定额最大，平均为 12.6m³/亩，紫花苜蓿次之，平均为 11.7m³/亩，燕麦最小，平均为 9.9m³/亩。将毛登青贮玉米样点灌区与其科学试验点相比较可以看出，科学灌溉点的灌溉水利用系数为 0.925，当地实际灌溉水利用系数为 0.917，效率提高 0.9%。通过此次测试发现当地牧草实际的灌溉方式为每次灌水量达不到设计灌水深度，但灌水次数明显多于设计次数，多达 20 余次。科学灌溉点毛灌水定额平均为 22.4m³/亩，比当地实际灌溉情况大 9.7m³/亩，但全生育期 11 次灌水明显少于当地实际灌水次数。经计算，采用科学灌溉方式较当地实际灌溉方式全生育期节水 3.23m³/亩，500 亩喷灌圈节水 1614m³。

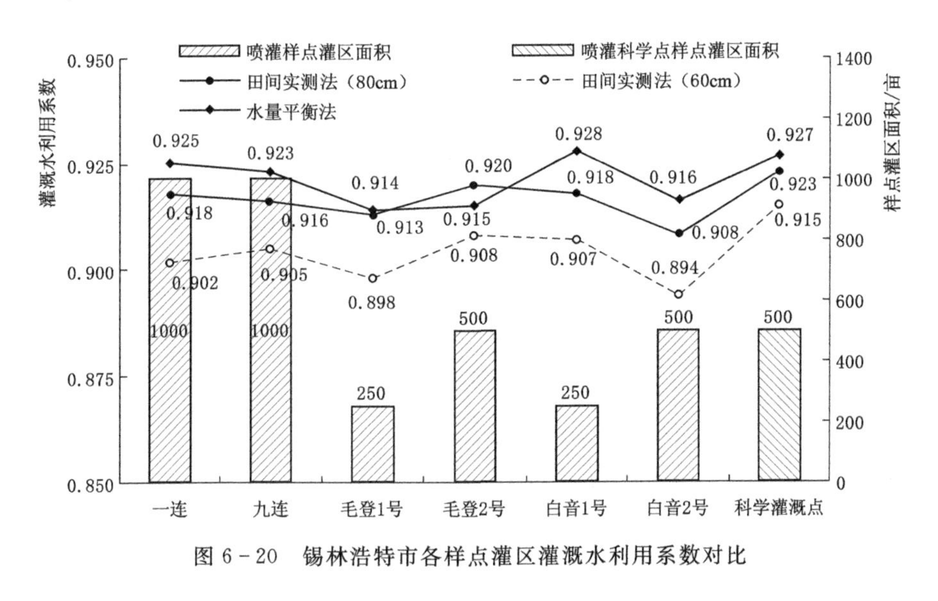

图 6-20 锡林浩特市各样点灌区灌溉水利用系数对比

6.2 灌区灌溉水利用效率计算分析与评估

6.2.1 灌区灌溉水利用系数计算

统计现状年各地区样点灌区不同灌溉方式的灌溉面积，利用上节计算出的样点灌区不同灌溉方式下的灌溉水利用系数，采用面积加权法计算出灌区的灌溉水利用系数。此外，本次效率测试只是在通辽市、赤峰市、乌兰察布市等地选择典型旗县区进行了测试，还有许多所辖的旗县区没有进行实测，测试作物也未能完全反映该地区的种植结构。为了能够将灌区尺度的灌溉水利用系数提升至地区尺度，又收集其他未进行实测旗县区不同作物、不同灌溉方式下的灌溉面积以及灌溉水利用系数等统计数据。由于这些灌区没有实测灌溉水利用系数，因此采用本地区相邻灌区的系数或取同一地区不同灌溉作物灌溉水利用系数的平均值代替。

1. 通辽市

通辽市各灌区灌溉水利用系数计算结果见表 6-44。

表 6-44 通辽市各灌区灌溉水利用系数计算结果

项目	灌区名称	种植作物	灌溉方式	灌溉面积/万亩	灌溉水利用系数	
					样点灌区系数	灌区系数
实测灌区	奈曼旗	玉米	井灌	94.0	0.780	0.799
			低压管灌	22.5	0.820	
			喷灌	2.0	0.866	
			膜下滴灌	15.0	0.874	
	科尔沁左翼中旗	玉米	井灌	97.2	0.780	0.832
			低压管灌	60.7	0.865	
			喷灌	8.5	0.878	
			膜下滴灌	36.6	0.906	
	科尔沁区	玉米	井灌	91.2	0.780	0.813
			低压管灌	79.2	0.805	
			喷灌	0.4	0.853	
			膜下滴灌	41.2	0.899	
	开鲁县	玉米	井灌	92.5	0.780	0.806
			低压管灌	60.3	0.789	
			喷灌	1.7	0.866	
			膜下滴灌	31.8	0.894	
		红干椒	低压管灌	13.5	0.796	
			膜下滴灌	7.9	0.890	
推算灌区	库伦旗	玉米	井灌	15.4	0.780	0.823
			低压管灌	2.6	0.820	
			喷灌	2.4	0.866	
			膜下滴灌	8.3	0.893	
	扎鲁特旗	玉米	井灌	45.6	0.780	0.806
			低压管灌	5.0	0.820	
			喷灌	3.6	0.866	
	扎鲁特旗	玉米	膜下滴灌	10.1	0.893	0.806
	科尔沁左翼后旗	玉米	井灌	73.5	0.780	0.802
			低压管灌	21.5	0.820	
			喷灌	2.8	0.866	
			膜下滴灌	11.4	0.893	
	霍林郭勒市	玉米	井灌	0.4	0.780	0.810
			低压管灌	1.2	0.820	

注 实测灌区中字体加粗的灌溉方式、面积及系数来自地方统计数据，下同。

2. 赤峰市

赤峰市各灌区灌溉水利用系数计算结果见表 6-45。

表 6-45　　赤峰市各灌区灌溉水利用系数计算结果

项目	灌区名称	种植作物	灌溉方式	灌溉面积/万亩	灌溉水利用系数	
					样点灌区系数	灌区系数
实测灌区	松山区	玉米	井灌	27.5	0.776	0.843
			低压管灌	5.0	0.820	
			膜下滴灌	47.5	0.886	
		马铃薯	井灌	0.5	0.799	
			低压管灌	2.0	0.820	
	阿鲁科尔沁旗	紫花苜蓿	指针式喷灌	80.0	0.815	0.830
		玉米	井灌	3.2	0.799	
			喷灌	1.0	0.850	
			膜下滴灌	18.7	0.888	
		葵花	膜下滴灌	2.5	0.888	
	宁城县（甸子灌区）	玉米	井灌	3.5	0.822	0.840
			膜下滴灌	0.9	0.909	
推算灌区	红山区	玉米	井灌	1.1	0.799	0.856
			膜下滴灌	2.0	0.888	
	元宝山区	玉米	井灌	10.6	0.799	0.833
			低压管灌	6.7	0.820	
			膜下滴灌	8.2	0.888	
	宁城县	玉米	井灌	28.5	0.799	0.852
			低压管灌	2.3	0.820	
			膜下滴灌	44.0	0.888	
	林西县	玉米	井灌	3.3	0.799	0.870
			低压管灌	4.5	0.820	
	林西县	玉米	膜下滴灌	14.1	0.888	
	敖汉旗	玉米	井灌	0.9	0.799	0.864
	敖汉旗	玉米	低压管灌	27.0	0.820	
			膜下滴灌	52.0	0.888	
	喀喇沁旗	玉米	井灌	4.3	0.799	0.837
			低压管灌	9.8	0.820	
			膜下滴灌	6.4	0.888	
	巴林左旗	玉米	井灌	21.2	0.799	0.833
			低压管灌	20.0	0.820	
			膜下滴灌	40.0	0.888	

续表

<table>
<tr><th rowspan="2">项目</th><th rowspan="2">灌区名称</th><th rowspan="2">种植作物</th><th rowspan="2">灌溉方式</th><th rowspan="2">灌溉面积/万亩</th><th colspan="2">灌溉水利用系数</th></tr>
<tr><th>样点灌区系数</th><th>灌区系数</th></tr>
<tr><td rowspan="40">推算灌区</td><td rowspan="4">巴林左旗</td><td>葵花</td><td>井灌</td><td>7.2</td><td>0.799</td><td rowspan="4">0.833</td></tr>
<tr><td>高粱</td><td>井灌</td><td>13.4</td><td>0.799</td></tr>
<tr><td>小麦</td><td>井灌</td><td>1.9</td><td>0.799</td></tr>
<tr><td>马铃薯</td><td>井灌</td><td>13</td><td>0.799</td></tr>
<tr><td rowspan="12">巴林右旗</td><td rowspan="4">玉米</td><td>井灌</td><td>9.8</td><td>0.799</td><td rowspan="12">0.849</td></tr>
<tr><td>低压管灌</td><td>3.5</td><td>0.820</td></tr>
<tr><td>喷灌</td><td>2.2</td><td>0.850</td></tr>
<tr><td>膜下滴灌</td><td>26.5</td><td>0.888</td></tr>
<tr><td rowspan="3">葵花</td><td>井灌</td><td>4.8</td><td>0.799</td></tr>
<tr><td>低压管灌</td><td>1.2</td><td>0.820</td></tr>
<tr><td>膜下滴灌</td><td>0.5</td><td>0.888</td></tr>
<tr><td rowspan="3">马铃薯</td><td>井灌</td><td>3.8</td><td>0.799</td></tr>
<tr><td>低压管灌</td><td>1.3</td><td>0.820</td></tr>
<tr><td>膜下滴灌</td><td>0.9</td><td>0.888</td></tr>
<tr><td rowspan="2">人工牧草</td><td>低压管灌</td><td>0.6</td><td>0.820</td></tr>
<tr><td>喷灌</td><td>3.1</td><td>0.850</td></tr>
<tr><td rowspan="7">翁牛特旗</td><td rowspan="3">玉米</td><td>井灌</td><td>5.1</td><td>0.799</td><td rowspan="7">0.870</td></tr>
<tr><td>低压管灌</td><td>8.1</td><td>0.820</td></tr>
<tr><td>膜下滴灌</td><td>58.2</td><td>0.888</td></tr>
<tr><td rowspan="3">葵花</td><td>井灌</td><td>1.8</td><td>0.799</td></tr>
<tr><td>低压管灌</td><td>2.2</td><td>0.820</td></tr>
<tr><td>膜下滴灌</td><td>3.0</td><td>0.888</td></tr>
<tr><td>人工牧草</td><td>喷灌</td><td>6.2</td><td>0.850</td></tr>
<tr><td rowspan="10">克什克腾旗</td><td rowspan="3">玉米</td><td>井灌</td><td>1.1</td><td>0.799</td><td rowspan="10">0.828</td></tr>
<tr><td>低压管灌</td><td>5.6</td><td>0.820</td></tr>
<tr><td>膜下滴灌</td><td>14.1</td><td>0.888</td></tr>
<tr><td rowspan="2">葵花</td><td>井灌</td><td>1.1</td><td>0.799</td></tr>
<tr><td>低压管灌</td><td>4.3</td><td>0.820</td></tr>
<tr><td rowspan="2">小麦</td><td>井灌</td><td>8.2</td><td>0.799</td></tr>
<tr><td>低压管灌</td><td>26.3</td><td>0.820</td></tr>
<tr><td rowspan="2">马铃薯</td><td>井灌</td><td>7.4</td><td>0.799</td></tr>
<tr><td>低压管灌</td><td>17.8</td><td>0.820</td></tr>
<tr><td>人工牧草</td><td>喷灌</td><td>2.7</td><td>0.850</td></tr>
</table>

3. 乌兰察布市

乌兰察布市各灌区灌溉水利用系数计算结果见表 6-46。

表 6-46　　乌兰察布市各灌区灌溉水利用系数计算结果

项目	灌区名称	种植作物	灌溉方式	灌溉面积/万亩	灌溉水利用系数	
					样点灌区系数	灌区系数
实测灌区	丰镇市	玉米	井灌	0.8	0.750	0.832
			低压管灌	2.2	0.800	
			膜下滴灌	1.0	0.857	
		马铃薯	井灌	0.6	0.750	
			低压管灌	1.1	0.800	
			膜下滴灌	3.0	0.892	
		葵花	膜下滴灌	0.3	0.881	
	察哈尔右翼前旗	玉米	井灌	10.2	0.750	0.799
			低压管灌	2.2	0.800	
			膜下滴灌	3.4	0.857	
		马铃薯	井灌	6.3	0.750	
			低压管灌	1.0	0.800	
			膜下滴灌	7.5	0.880	
	察哈尔右翼后旗	玉米	井灌	3.6	0.750	0.830
			低压管灌	0.6	0.800	
			膜下滴灌	1.1	0.857	
		马铃薯	井灌	4.7	0.750	
			喷灌	4.2	0.850	
			膜下滴灌	5.8	0.887	
		葵花	膜下滴灌	0.7	0.885	
		洋葱	喷灌	4.3	0.879	
	商都县	玉米	井灌	8.9	0.750	0.793
			低压管灌	1.0	0.800	
			膜下滴灌	0.5	0.857	
		马铃薯	井灌	6.3	0.750	
			低压管灌	4.6	0.800	
			喷灌	5.0	0.850	
			膜下滴灌	3.3	0.882	
推算灌区	集宁区	玉米	井灌	0.8	0.750	0.826
			膜下滴灌	0.4	0.857	
		马铃薯	低压管灌	0.2	0.800	
			喷灌	0.3	0.850	
			膜下滴灌	0.8	0.885	

续表

项目	灌区名称	种植作物	灌溉方式	灌溉面积/万亩	灌溉水利用系数	
					样点灌区系数	灌区系数
推算灌区	察哈尔右翼中旗	玉米	井灌	2.6	0.750	0.839
			低压管灌	0.6	0.800	
			膜下滴灌	1.1	0.857	
		马铃薯	井灌	4.9	0.750	
			低压管灌	1.2	0.800	
			喷灌	12.6	0.850	
			膜下滴灌	12.4	0.885	
		葵花	低压管灌	0.2	0.800	
			喷灌	0.1	0.850	
			膜下滴灌	0.6	0.883	
	四王子旗	玉米	井灌	2.6	0.750	0.867
			低压管灌	0.7	0.800	
			膜下滴灌	2.5	0.857	
		马铃薯	井灌	1.7	0.750	
			低压管灌	2.3	0.800	
			喷灌	1.7	0.850	
			膜下滴灌	51.4	0.885	
		葵花	低压管灌	0.2	0.800	
			膜下滴灌	2.8	0.883	
		人工牧草	低压管灌	0.8	0.800	
			喷灌	7.0	0.850	
	卓资县	玉米	井灌	1.3	0.750	0.823
			低压管灌	1.3	0.800	
			膜下滴灌	1.6	0.857	
		马铃薯	井灌	2.1	0.750	
			低压管灌	2.2	0.800	
			喷灌	0.2	0.850	
			膜下滴灌	4.4	0.885	
	化德县	玉米	井灌	7.5	0.750	0.772
			低压管灌	0.8	0.800	
			膜下滴灌	0.5	0.857	
	化德县	马铃薯	井灌	8.2	0.750	0.772
			低压管灌	2.2	0.800	
			喷灌	0.6	0.850	
			膜下滴灌	1.5	0.885	

续表

项目	灌区名称	种植作物	灌溉方式	灌溉面积/万亩	灌溉水利用系数	
					样点灌区系数	灌区系数
推算灌区	凉城县	玉米	井灌	4.2	0.750	0.794
			低压管灌	7.5	0.800	
			膜下滴灌	1.4	0.857	
		马铃薯	井灌	8.6	0.750	
			低压管灌	2.8	0.800	
			喷灌	0.4	0.850	
			膜下滴灌	3.5	0.885	
		葵花	低压管灌	0.8	0.883	
	兴和县	玉米	井灌	9.3	0.750	0.801
			低压管灌	2.2	0.800	
			膜下滴灌	3.8	0.857	
		马铃薯	井灌	8.2	0.750	
			低压管灌	2.5	0.800	
			喷灌	5.9	0.850	
			膜下滴灌	4.5	0.885	
		葵花	低压管灌	1.1	0.800	

4. 扎兰屯市

扎兰屯市各灌区灌溉水利用系数计算结果见表 6-47。

表 6-47　扎兰屯市各灌区灌溉水利用系数计算结果

灌区名称	种植作物	灌溉方式	灌溉面积/万亩	灌溉水利用系数	
				样点灌区系数	灌区系数
扎兰屯市	玉米	井灌	35.7	0.750	0.816
		低压管灌	3.3	0.800	
		喷灌	27.6	0.850	
		膜下滴灌	18.4	0.886	
	大豆	喷灌	2.2	0.850	
		膜下滴灌	1.3	0.886	

5. 锡林浩特市

锡林浩特市以灌溉人工牧草为主，全部是大型指针式喷灌圈。为了养护土壤，当地一般将人工牧草和马铃薯各半圈轮换种植。锡林浩特市现状马铃薯灌溉面积为 2.3 万亩，其灌溉水利用系数取三种人工牧草的均值，由此便可计算出锡林浩特市的灌溉水利用系数，见表 6-48。

表 6-48 锡林浩特市各灌区灌溉水利用系数计算结果

灌区名称	种植作物	灌溉方式	灌溉面积/万亩	灌溉水利用系数	
				样点灌区系数	灌区系数
锡林浩特市	紫花苜蓿	喷灌	2.9	0.921	0.850
	青贮玉米	喷灌	2.1	0.917	
	燕麦	喷灌	0.6	0.916	
	马铃薯	井灌	3.2	0.750	
		喷灌	4.8	0.918	
	小麦	井灌	6.2	0.750	
		喷灌	3.5	0.918	

6.2.2 灌区灌溉水利用效率分析与评估

1. 通辽市

由图 6-21 可以看出，通辽市奈曼旗灌溉水利用系数最小，为 0.799；科尔沁左翼中旗灌溉水利用系数最大，为 0.832。各灌区灌溉水利用系数的高低主要取决于不同灌溉形式的面积占总灌溉面积的比例，喷灌、膜下滴灌推广面积越大，则灌溉水利用系数也越高，这也充分了采用高效节水灌溉对整体提升灌区灌溉效率的重要性。总体而言，通辽市各灌区灌溉水利用系数相差不大。

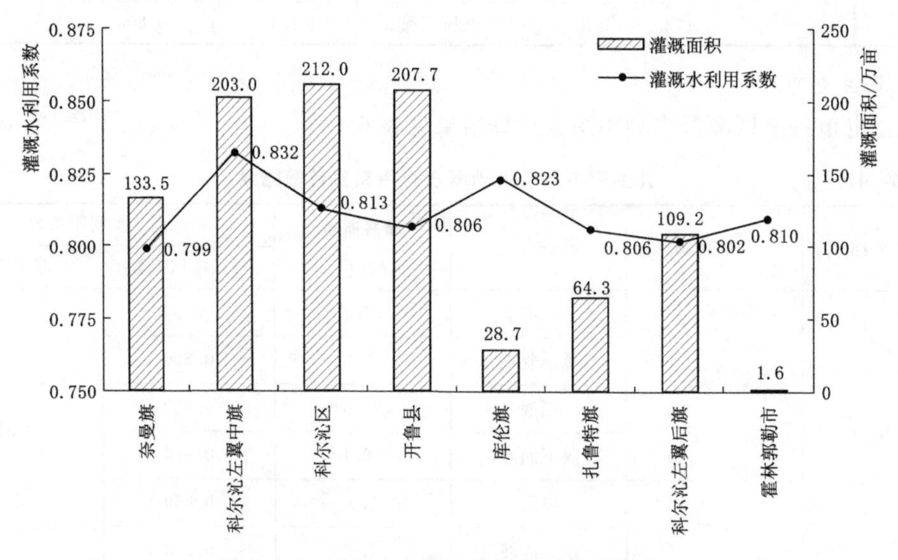

图 6-21 通辽市各灌区灌溉水利用系数对比

2. 赤峰市

由图 6-22 可以看出，赤峰市克什克腾旗灌溉水利用系数最小，为 0.828；红山区灌溉水利用系数最大，为 0.888。各灌区灌溉水利用系数的高低主要取决于不同灌溉形式的面积占总灌溉面积的比例，喷灌、膜下滴灌推广面积越大，则灌溉水利用系数也越高，这也充分了采用高效节水灌溉对整体提升灌区灌溉效率的重要性。总体而言，赤峰市各灌区灌溉水利用系数相差不大。

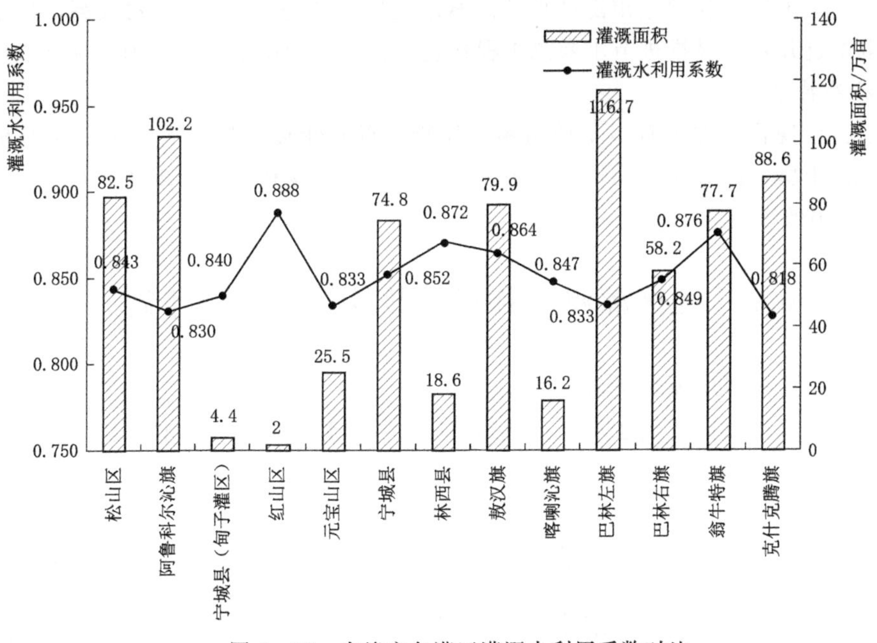

图 6-22 赤峰市各灌区灌溉水利用系数对比

3. 乌兰察布市

乌兰察布市各灌区灌溉水利用系数见图 6-23，四子王旗灌溉水利用系数最大，为 0.867；化德县灌溉水利用系数最小，为 0.772。总体而言，乌兰察布市各灌区灌溉水利用系数相差较大，察哈尔右翼后旗、商都县、化德县和凉城县的灌溉水利用系数均小于 0.80。由此可见，这些灌区应进一步推广高效节水灌溉，并优化种植结构，进一步提高灌溉水利用效率。

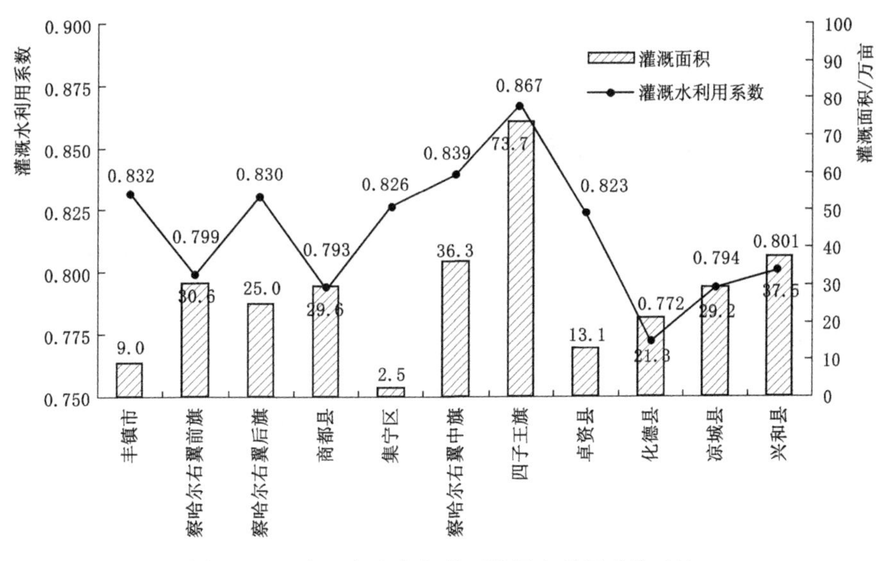

图 6-23 乌兰察布市各灌区灌溉水利用系数对比

4. 扎兰屯市

由表6-47可知，扎兰屯市灌区现状灌溉水利用系数为0.840，相对较高，这主要是由于扎兰屯市近几年积极推进节水灌溉工程建设，将岗地和山根地改造为高标准农田。

5. 锡林浩特市

锡林浩特市现状条件下基本不种植粮食作物，近几年逐步推广人工饲草料基地的建设，为了改善土壤，同时轮作马铃薯。由表6-48可知，锡林浩特市现状灌溉水利用系数为0.919，利用效率较高。

6.3 地区灌溉水利用系数计算分析与评估

6.3.1 地区灌溉水利用系数计算

在上节计算出的灌区灌溉水利用系数的基础上，采用面积加权法计算出地区灌溉水利用系数。

1. 通辽市

通辽市灌溉水利用系数计算结果见表6-49。

表6-49 通辽市灌溉水利用系数计算结果

灌区名称	灌溉面积/万亩	灌区灌溉水利用系数	地区灌溉水利用系数
奈曼旗	133.5	0.799	0.812
科尔沁左翼中旗	203.0	0.832	
科尔沁区	212.0	0.813	
开鲁县	207.7	0.806	
库伦旗	28.7	0.823	
科尔沁左翼后旗	64.3	0.806	
扎鲁特旗	109.2	0.802	
霍林郭勒市	1.6	0.810	

2. 赤峰市

赤峰市灌溉水利用系数计算结果见表6-50。

表6-50 赤峰市灌溉水利用系数计算结果

灌区名称	灌溉面积/万亩	灌区灌溉水利用系数	地区灌溉水利用系数
松山区	82.5	0.843	0.845
阿鲁科尔沁旗	105.4	0.830	
宁城县甸子灌区	4.4	0.840	
红山区	3.1	0.856	
元宝山区	25.5	0.833	
宁城县	74.8	0.852	
林西县	34.0	0.870	

续表

灌区名称	灌溉面积/万亩	灌区灌溉水利用系数	地区灌溉水利用系数
敖汉旗	79.9	0.864	0.845
喀喇沁旗	20.5	0.837	
巴林左旗	116.7	0.833	
巴林右旗	58.2	0.849	
翁牛特旗	84.6	0.870	
克什克腾旗	88.6	0.828	

3. 乌兰察布市

乌兰察布市灌溉水利用系数计算结果见表 6-51。

表 6-51　乌兰察布市灌溉水利用系数计算结果

灌区名称	灌溉面积/万亩	灌区灌溉水利用系数	地区灌溉水利用系数
丰镇市	9.0	0.832	0.822
察哈尔右翼前旗	30.6	0.799	
察哈尔右翼后旗	25.0	0.830	
商都县	29.6	0.793	
集宁区	2.5	0.826	
察哈尔右翼中旗	36.3	0.839	
四子王旗	73.7	0.867	
卓资县	13.1	0.823	
化德县	21.3	0.772	
凉城县	29.2	0.794	
兴和县	37.5	0.801	

4. 扎兰屯市

扎兰屯市灌溉水利用系数计算结果见表 6-52。

表 6-52　扎兰屯市灌溉水利用系数计算结果

灌区名称	灌溉面积/万亩	灌区灌溉水利用系数	地区灌溉水利用系数
扎兰屯市	88.5	0.816	0.816

5. 锡林浩特市

锡林浩特市灌溉水利用系数计算结果见表 6-53。

表 6-53　锡林浩特市灌溉水利用系数计算结果

灌区名称	灌溉面积/万亩	灌区灌溉水利用系数	地区灌溉水利用系数
锡林浩特市	23.3	0.850	0.850

6.3.2 地区灌溉水利用效率分析与评估

将内蒙古中东部五个测试地区的地下水灌溉面积及其灌溉水利用系数总结，见图

6－24。相比较而言，赤峰市灌溉水利用系数最高，为0.845；通辽市灌溉水利用系数最低，为0.812。

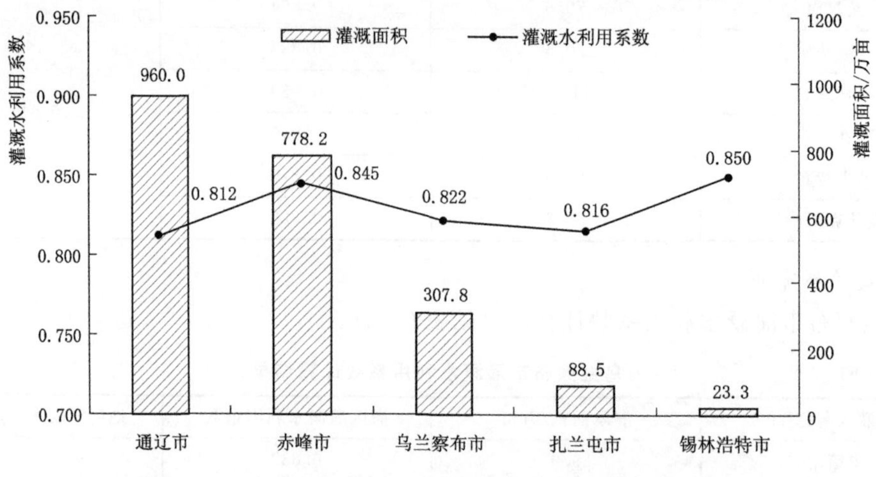

图6－24 内蒙古中东部各地下水灌区灌溉水利用系数对比

第7章 内蒙古地下水灌区灌溉水利用效率推算

根据2013年和2014年在通辽市、赤峰市、乌兰察布市、扎兰屯市和锡林浩特市实测的不同灌溉形式的地下水灌溉水利用系数，利用2011年至2015年内蒙古自治区水利厅及地方水行政主管部门提供的12个盟市的不同地下水灌溉形式的面积（表7-1～表7-5）及灌溉水利用系数，采用面积-灌溉系数加权法，推算出内蒙古12个盟市2011—2015年的地下水灌区灌溉水利用系数，见表7-6和图7-1。

表7-1　　2011年内蒙古12个盟市不同形式地下水灌溉面积

行政区	不同形式地下水灌溉面积/万亩				
	喷滴灌	微灌	低压管灌	井灌	合计
呼和浩特市	4.79	0	43.13	87.32	135.24
包头市	6.18	9.62	23.14	123.57	162.50
乌海市	0.39	1.92	0.47	5.14	7.92
赤峰市	30.43	38.18	169.54	207.13	445.28
通辽市	79.94	5.16	180.25	750.29	1015.64
鄂尔多斯市	67.77	8.22	51.12	252.67	379.78
呼伦贝尔市	139.84	0.11	33.25	20.18	193.38
巴彦淖尔市	2.20	4.17	49.56	141.68	197.61
乌兰察布市	46.48	44.46	80.29	116.91	288.13
兴安盟	12.11	1.86	188.18	278.60	480.76
锡林郭勒盟	60.84	2.18	16.98	23.48	103.48
阿拉善盟	0	0	3.33	7.16	10.49
内蒙古自治区	450.97	115.86	894.95	2014.12	3475.90

表7-2　　2012年内蒙古12个盟市不同形式地下水灌溉面积

行政区	不同形式地下水灌溉面积/万亩				
	喷滴灌	微灌	低压管灌	井灌	合计
呼和浩特市	20.21	3.57	15.14	95.52	134.43
包头市	8.63	18.24	30.95	135.17	192.98
乌海市	0.20	3.30	1.01	5.63	10.13
赤峰市	10.68	132.56	165.24	226.57	535.05
通辽市	28.07	16.83	293.45	630.26	968.60
鄂尔多斯市	81.38	3.77	66.20	276.40	427.73

续表

行政区	不同形式地下水灌溉面积/万亩				
	喷滴灌	微灌	低压管灌	井灌	合计
呼伦贝尔市	225.96	0.83	3.92	22.07	252.77
巴彦淖尔市	0.47	5.76	70.58	154.98	231.78
乌兰察布市	39.03	86.96	66.42	127.88	320.29
兴安盟	15.78	1.25	91.07	204.50	312.59
锡林郭勒盟	74.51	5.52	9.83	25.68	115.53
阿拉善盟	1.43	0.83	14.88	7.83	24.96
内蒙古自治区	506.31	279.39	828.65	1912.50	3526.84

表7-3　2013年内蒙古12个盟市不同形式地下水灌溉面积

行政区	不同形式地下水灌溉面积/万亩				
	喷滴灌	微灌	低压管灌	井灌	合计
呼和浩特市	21.39	3.57	23.97	88.84	137.77
包头市	10.53	24.20	30.17	125.71	190.60
乌海市	0.20	3.71	1.01	5.23	10.14
赤峰市	13.83	203.24	133.64	210.71	561.41
通辽市	46.08	59.09	290.52	586.14	981.83
鄂尔多斯市	104.52	11.07	70.29	257.05	442.93
呼伦贝尔市	253.20	13.59	3.92	20.53	291.23
巴彦淖尔市	0.47	6.90	81.57	144.13	233.06
乌兰察布市	39.63	97.10	68.88	118.93	324.54
兴安盟	34.83	8.13	91.32	190.19	324.47
锡林郭勒盟	82.14	5.90	9.83	23.89	121.75
阿拉善盟	1.43	3.42	14.88	7.28	27.00
内蒙古自治区	608.24	439.89	819.98	1778.62	3646.72

表7-4　2014年内蒙古12个盟市不同形式地下水灌溉面积

行政区	不同形式地下水灌溉面积/万亩				
	喷滴灌	微灌	低压管灌	井灌	合计
呼和浩特市	24.06	4.92	27.71	77.25	133.94
包头市	10.53	24.89	30.17	109.31	174.89
乌海市	0.20	3.51	1.32	4.55	9.58
赤峰市	18.00	299.39	75.68	183.23	576.29
通辽市	49.37	124.05	281.36	509.69	964.46
鄂尔多斯市	121.89	18.84	72.29	223.52	436.54
呼伦贝尔市	275.64	41.60	3.42	17.85	338.51

续表

行政区	不同形式地下水灌溉面积/万亩				
	喷滴灌	微灌	低压管灌	井灌	合计
巴彦淖尔市	0.77	28.83	97.43	125.33	252.35
乌兰察布市	38.66	117.90	68.75	103.42	328.72
兴安盟	50.21	14.87	125.84	165.38	356.29
锡林郭勒盟	90.77	6.18	9.75	20.77	127.47
阿拉善盟	1.43	3.42	15.18	6.33	26.36
内蒙古自治区	681.50	688.38	808.86	1546.63	3725.37

表7-5　2015年内蒙古12个盟市不同形式地下水灌溉面积

行政区	不同形式地下水灌溉面积/万亩				
	喷滴灌	微灌	低压管灌	井灌	合计
呼和浩特市	29.27	10.37	27.16	68.60	135.40
包头市	12.89	25.98	29.57	109.04	177.48
乌海市	0.20	4.04	1.29	4.15	9.68
赤峰市	22.40	392.10	74.19	88.70	577.39
通辽市	56.67	167.88	275.84	472.32	972.71
鄂尔多斯市	132.41	34.10	70.87	203.68	441.06
呼伦贝尔市	303.72	67.28	3.35	4.48	378.83
巴彦淖尔市	0.77	37.92	95.51	119.73	253.93
乌兰察布市	40.31	143.12	67.40	78.86	329.69
兴安盟	60.21	30.63	123.37	143.80	358.01
锡林郭勒盟	95.88	7.11	9.56	15.17	127.72
阿拉善盟	1.43	6.98	14.88	2.86	26.15
内蒙古自治区	756.12	927.48	793.00	1269.90	3746.50

表7-6　2011—2015年内蒙古12个盟市地下水灌区灌溉水利用系数

行政区	地下水灌区灌溉水利用系数				
	2011年	2012年	2013年	2014年	2015年
呼和浩特市	0.768	0.778	0.782	0.788	0.797
包头市	0.765	0.773	0.778	0.781	0.783
乌海市	0.777	0.789	0.793	0.795	0.801
赤峰市	0.813	0.819	0.824	0.830	0.838
通辽市	0.794	0.797	0.801	0.806	0.810
鄂尔多斯市	0.773	0.779	0.785	0.792	0.798
呼伦贝尔市	0.836	0.849	0.851	0.852	0.856
巴彦淖尔市	0.764	0.768	0.771	0.781	0.785

续表

行政区	地下水灌区灌溉水利用系数				
	2011年	2012年	2013年	2014年	2015年
乌兰察布市	0.795	0.803	0.806	0.811	0.819
兴安盟	0.770	0.771	0.779	0.788	0.795
锡林郭勒盟	0.836	0.847	0.851	0.856	0.863
阿拉善盟	0.763	0.788	0.795	0.796	0.810
内蒙古自治区	0.778	0.798	0.803	0.809	0.824

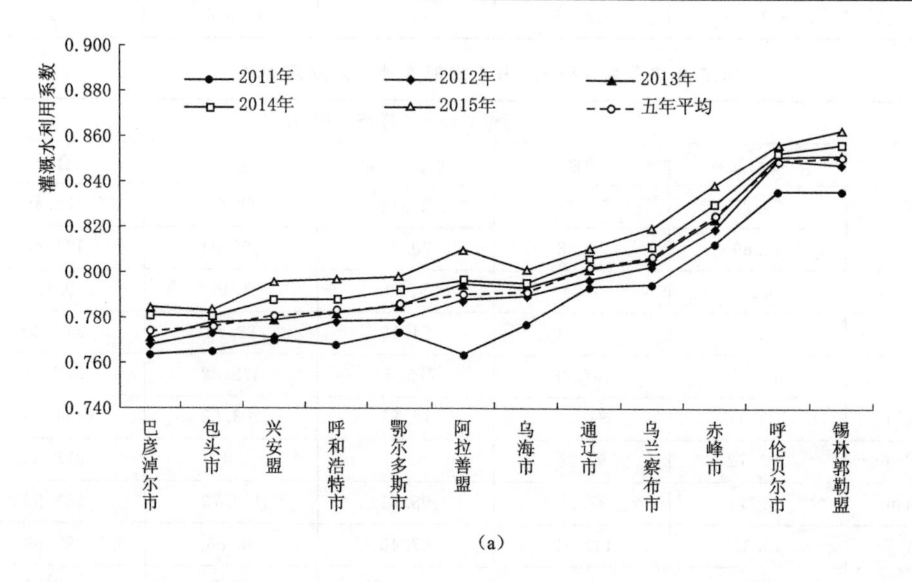

(a)

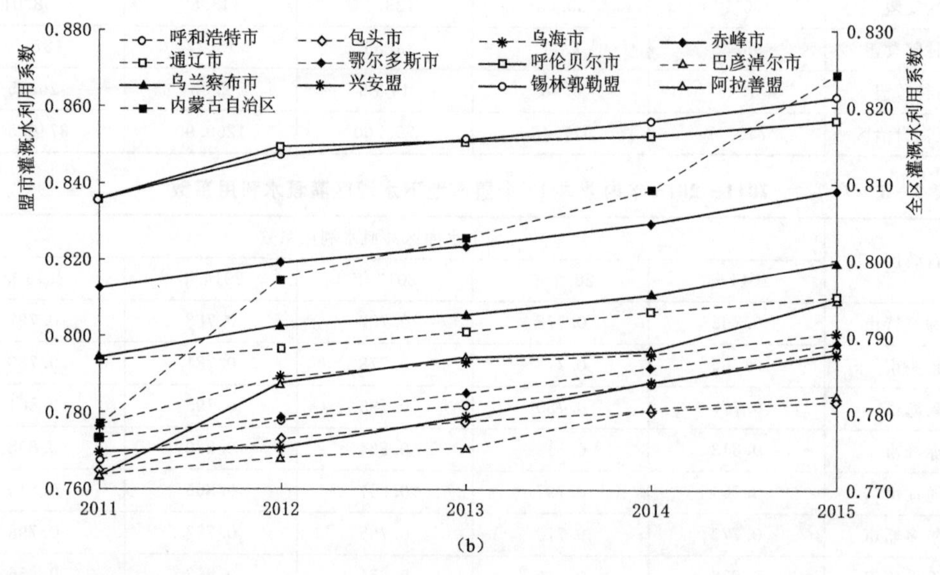

(b)

图7-1 2011—2015年内蒙古12个盟市地下水灌区灌溉水利用系数

由表 7-6 结果可以看出，2011—2015 年，锡林郭勒盟和呼伦贝尔市地下水灌区灌溉水利用系数最高，为 0.836～0.863；赤峰市、乌兰察布市、通辽市、乌海市和阿拉善盟处于中游水平，为 0.763～0.838；鄂尔多斯市、呼和浩特市、兴安盟、包头市和巴彦淖尔市处于下游水平，为 0.764～0.798。全区一半盟市的地下水灌区灌溉效率并没有产生实质性的提高，究其原因除了与节水灌溉面积的占比有关外，更重要的是有些地方节水灌溉的效率并未达到设计标准，节水效果并不显著。

2011—2015 年内蒙古各盟市地下水灌区灌溉效率均有不同程度的提升，年均提高率为 4.2%～11.6%。相比而言，提升幅度最低的是通辽市，为 4.2%，最高的是阿拉善盟，为 11.6%。其原因在于通辽市灌溉面积大，待改造的传统井灌面积尚有 470 万亩，而阿拉善盟灌溉面积本身就很少，且传统井灌面积占比小，仅为 10%。从全区来看，地下水灌溉效率由 2011 年的 0.778 提升至 2015 年的 0.824，年均增长率为 4.6%，整体而言，节水灌溉工程取得显著的效果。

第8章 结 语

内蒙古深居内陆，除东部小部分地区属半湿润区外，大部分地区属于干旱半干旱区。由于降水量少、蒸发强烈，使得该地区气候干燥，生态环境脆弱，农牧业稳产高产完全依赖于灌溉。内蒙古是我国六大粮食输出省区之一，而中东部地区粮食生产又发挥着至关重要的作用。我国玉米黄金带就位于东部区的通辽市，同时中东部地区也是牧区草原禁牧、休牧和牲畜越冬的饲草料基地。然而，内蒙古中东部地区的地下水资源并不丰富，尤其是中部区的锡林浩特市和乌兰察布市地下水资源相当匮乏，随着工业化、城镇化的加速推进，工业用水、城市用水和生活用水与农牧业用水竞争愈演愈烈。在灌溉用水短缺的严峻形势下，中东部地区地下水灌区节水灌溉工程仍不够完善，灌溉管理粗放，灌溉水损失严重，农业用水效率明显低于全国平均水平。为了充分挖掘地下水灌区的节水潜力，加大灌区农牧业节水力度，提高灌溉水资源综合利用效率与效益，近年来，在国家和自治区的大力支持下，内蒙古中东部地区地下水灌区节水改造工程建设提速，灌区工程设施和灌溉管理发生了明显改观。因此，开展内蒙古中东部地下水灌区灌溉水利用效率测试分析与评估，摸清灌区灌溉水利用效率现状，跟踪灌区灌溉水利用效率动态变化，对于提高灌区建设水平和灌溉管理水平，加强农业节水工作的指导，加快建设节水型社会，落实自治区政府“三条红线”考核指标，保证我国粮食安全，促进草原生态建设等方面均具有十分重要的战略意义。

本书选择内蒙古中东部粮食与牧草主产区、且近几年节水灌溉发展较快的通辽市、赤峰市、乌兰察布市、扎兰屯市和锡林浩特市的地下水灌区开展灌溉水利用效率测试分析与评估，2013 年和 2014 年在典型样点灌区现场测试的基础上，采用理论与实测相结合、点与面相结合、微观研究与宏观分析评价相结合、横向对比和纵向对比相结合的方法，测算不同灌溉方式、种植作物的样点灌区、灌区和地区尺度的灌溉水利用系数，综合分析评估现状灌溉水利用效率与节水潜力，为自治区水行政主管部门和相关产业发展提供技术支撑。经过两年的田间测试及分析评估，取得了预期成果，并就灌区灌溉发展存在的有关问题提出了建议。

8.1 主 要 结 论

8.1.1 灌溉水利用系数测算

8.1.1.1 样点灌区不同作物不同灌溉形式灌溉水利用系数

通辽市样点灌区为奈曼旗、科左中旗、科尔沁区和开鲁县，主要种植作物为玉米和红干椒，灌溉形式为低压管灌、喷灌和膜下滴灌。赤峰市样点灌区为松山区、甸子灌区和阿鲁科尔沁旗，主要种植作物为玉米和紫花苜蓿，灌溉形式为井灌、管灌、喷灌和膜下滴灌。乌兰察布市样点灌区为丰镇市、察右前旗、察右后旗和商都县，主要种植作物为马铃薯、葵花和玉米，灌溉形式为膜下滴灌和喷灌。扎兰屯市样点灌区为扎兰屯市，主要种植作物为玉米，灌溉方式为膜下滴灌。锡林浩特市样点灌区为锡林浩特市，主要种植作物紫花苜蓿、青贮玉米和燕麦，灌溉方式为喷灌。根据各典型样点灌区的测试结果，取实测法和水量平衡法的均值作为通辽市、赤峰市、乌兰察布市、扎兰屯市和锡林浩特市各样点灌区灌溉水利用系数，见表8-1～表8-4。

表8-1　通辽市样点灌区灌溉水利用系数

灌溉方式	膜下滴灌		喷灌	管　灌	
作物	玉米	红干椒	玉米	玉米	红干椒
奈曼旗	0.874	—	—	0.820	—
科尔沁左翼中旗	0.909	—	0.878	0.865	—
科尔沁区	0.897	—	0.853	0.807	—
开鲁县	0.894	0.890	—	0.798	0.796

表8-2　赤峰市样点灌区灌溉水利用系数

灌溉方式	膜下滴灌	喷灌	管灌	井灌
作物	玉米	紫花苜蓿	玉米	玉米
松山区	0.886	—	—	0.776
阿鲁科尔沁旗	—	0.815	—	—
宁城县	0.909	—	0.822	—

表8-3　乌兰察布市样点灌区灌溉水利用系数

灌溉方式	膜　下　滴　灌			喷灌
作物	马铃薯	葵花	玉米	洋葱
丰镇市	0.892	0.881	0.857	—
察哈尔右翼前旗	0.880	—	—	0.879
察哈尔右翼后旗	0.887	0.885	—	—
商都县	0.882	—	—	—

表8-4　扎兰屯市和锡林浩特市样点灌区灌溉水利用系数

灌溉方式	膜下滴灌	喷　灌		
作物	玉米	紫花苜蓿	青贮玉米	燕麦
扎兰屯市	0.886	—	—	—
锡林浩特市	—	0.917	0.918	0.912

8.1.1.2 灌区灌溉水利用系数

根据样点灌区不同灌溉方式、不同作物的灌溉水利用系数，利用中东部地下水灌区相应灌溉方式和作物的灌溉面积，采用面积加权法计算各盟市的灌区灌溉水利用系数。对未进行灌溉水利用系数测试的灌区，按相邻或相近灌区的不同灌溉方式、不同作物的灌溉水利用系数计算。

灌区按盟市所辖旗县市区划分。通辽市各灌区为奈曼旗、科左中旗、科尔沁区、开鲁县、库伦旗、科左后旗、扎鲁特旗和霍林郭勒市。赤峰市各灌区松山区、阿鲁科尔沁旗、甸子灌区、红山区、元宝山区、宁城县、林西县、敖汉旗、喀喇沁旗、巴林左旗、巴林右旗、翁牛特旗和克什克腾旗。乌兰察布市各灌区为丰镇市、察右前旗、察右后旗、商都县、集宁区、察右中旗、四子王旗、卓资县、化德县、凉城县和兴和县。扎兰屯市灌区为扎兰屯市。锡林浩特市灌区为锡林浩特市。通辽市、赤峰市、乌兰察布市、扎兰屯市和锡林浩特市灌区灌溉水利用系数见表8-5。

表8-5 内蒙古中东部地下水灌区灌溉水利用系数

盟市	灌区	灌溉水利用系数	盟市	灌区	灌溉水利用系数
通辽市	奈曼旗	0.799	赤峰市	巴林左旗	0.833
	科尔沁左翼中旗	0.832		巴林右旗	0.849
	科尔沁区	0.813		翁牛特旗	0.870
	开鲁县	0.823		克什克腾旗	0.828
	库伦旗	0.806		松山区	0.843
	科尔沁左翼后旗	0.823		阿鲁科尔沁旗	0.830
	扎鲁特旗	0.806		甸子灌区	0.840
	霍林郭勒市	0.802		红山区	0.856
	库伦旗	0.806		元宝山区	0.833
	科尔沁左翼后旗	0.823		宁城县	0.852
	扎鲁特旗	0.806		林西县	0.870
扎兰屯市	扎兰屯市	0.816		敖汉旗	0.864
锡林浩特	锡林浩特市	0.850		喀喇沁旗	0.837
乌兰察布市	察哈尔右翼中旗	0.839	乌兰察布市	丰镇市	0.832
	四子王旗	0.867		察右前旗	0.799
	卓资县	0.823		察右后旗	0.830
	化德县	0.772		商都县	0.793
	凉城县	0.794		集宁区	0.826
	兴和县	0.801			

8.1.1.3 地区灌溉水利用系数

中东部地下水灌区地区按盟市划分，包括通辽市、赤峰市、乌兰察布市、扎兰屯市和锡林浩特市。根据灌区灌溉水利用系数，利用盟市各灌区灌溉面积，采用面积加权法计算地区灌溉水利用系数。中东部地下水灌区的地区灌溉水利用系数见表8-6。

表 8-6 内蒙古中东部地区灌溉水利用系数

通辽市	赤峰市	乌兰察布市	扎兰屯市	锡林浩特市
0.812	0.845	0.822	0.816	0.850

8.1.2 灌溉水利用效率分析与评估

8.1.2.1 样点灌区灌溉水利用效率分析与评估

在喷灌灌溉方式的8个样点灌区中，除2个样点灌区外其他6个样点灌区的灌溉水利用系数均大于《节水灌溉工程技术规范》（GB/T 50363—2018）的要求值0.85，灌溉水利用效率较高，特别是锡林浩特市灌溉水利用系数均在0.90以上，节水灌溉措施实施发挥了应有的效果，表现十分突出。在滴灌灌溉方式的15个样点灌区中，除2个样点灌区的灌溉水利用系数刚好达到GB/T 50363要求的值0.9外，其他13各样点灌区的灌溉水利用系数均小于0.9，最小值仅为0.857，出现在丰镇样点灌区，灌溉水利用效率有待进一步提升，节水灌溉措施实施效果不够理想。在管灌灌水方式的6个样点灌区中，除1个样点灌区的灌溉水利用系数刚好达到GB/T 50363的要求值0.86外，其他4个样点灌区的灌溉水利用系数均小于0.86，最小值仅为0.796，出现在开鲁县样点灌区，灌溉水利用效率较低，节水灌溉措施实施效果较差。

从在部分样点灌区以控制灌水定额为目标设置的科学灌溉点来看，对于滴灌灌溉方式，作物为玉米时奈曼旗和甸子灌区灌溉水利用系数分别为0.926和0.920；对于喷灌灌溉方式，作物为玉米和青贮玉米时科左中旗和扎兰屯相应灌区灌溉水利用系数分别为0.883和0.923；对于管灌灌溉方式，作物为玉米时科尔沁区灌区灌溉水利用系数为0.843。对于相同灌溉方式和作物，灌区灌溉水利用系数科学灌溉点均大于样点灌区，除科尔沁区外，亦均大于GB/T 50363的要求值。因此，通过科学灌溉，加强田间灌水管理，各样点灌区不同灌溉方式的灌区灌溉水利用系数是完全能够达到或高于GB/T 50363的要求值，灌区灌溉水利用效率取得较高水平，农田高效节水灌溉建设能够发挥应有的节水效果。

总体来看，内蒙古中东部地下水灌区喷灌节水灌溉措施实施效果较好，而滴灌和管灌节水灌溉措施效果均较差，有待于充分发挥其应有的节水效果。从测试现场观察，认为节水灌溉措施实施效果的优劣主要与灌溉管理有关。对于喷灌灌溉方式，中东部地下水灌区主要采用大型时针式喷灌机进行灌溉，自动化程度较高，农户按要求将灌水指标设定后在灌溉过程中不受人为因素干扰，灌水质量易于保证，因此能够充分发挥其应有的节水效果。对于滴灌和管灌灌溉方式，灌溉过程由农户自行掌握，随意性较大，例如受传统井灌灌水方式影响加大灌水时间、不按灌水定额要求及时结束灌水等，导致灌水定额偏大，灌水质量难以保证，不能充分发挥滴灌和管灌应有的节水效果。

尽管滴灌和管灌节水措施的实施效果不够理想，但与传统井灌的灌溉水利用系数0.750～0.799相比，内蒙古中东部地下水灌区喷灌、滴灌和管灌的灌溉水利用系数均得到了明显提高，表明节水灌溉措施的实施对于提高内蒙古中东部地下水灌区的灌溉水利用效率、促进农业灌溉节水发挥了重要作用。如果滴灌和管灌灌溉管理能够得到改善，节水效果将会更好。

8.1.2.2 灌区灌溉水利用效率分析与评估

通辽市、赤峰市、乌兰察布市、扎兰屯市、锡林浩特市灌区灌溉水利用系数分别为0.799～0.832、0.828～0.888、0.772～0.867、0.840和0.850，灌溉水利用系数在不同灌区间存在明显差异，尤其是乌兰察布市灌区灌溉水利用系数差异达0.095，位列5盟市之首。尽管各盟市内不同灌区相同灌溉形式的灌溉水利用系数不同，但总体上灌溉水利用系数变化特征为滴灌和喷灌灌溉方式普遍较高，而管灌灌溉方式较低，传统井灌灌溉方式最低。目前各灌区不同灌溉形式发展规模并不均衡，因此，灌区灌溉水利用系数的高低主要取决于不同灌溉形式的面积占总灌溉面积的比例，喷灌、膜下滴灌推广面积占比越大，则灌区灌溉水利用系数也越高，否则越低，这也充分了采用高效节水灌溉对整体提升灌区灌溉效率的重要性。锡林浩特市灌区灌溉水利用系数相对较高，主要是由于锡林浩特市现状条件下基本不种植粮食作物，近几年逐步推广人工饲草料基地的建设，同时轮作马铃薯，对提高灌区灌溉利用效率做出了贡献。通辽市的奈曼旗和乌兰察布市的察哈尔右翼后旗、商都县、化德县和凉城县灌溉水利用系数较低，均在0.80以下，尤其应加大推广高效节水灌溉的力度，以提高灌溉水利用效率。采用管灌灌溉方式较多的奈曼旗，应提高灌溉管理水平，充分发挥其应有的高效节水效果。

8.1.2.3 地区灌溉水利用效率分析与评估

中东部地下水灌区的通辽市、赤峰市、乌兰察布市、扎兰屯市和锡林浩特的地区灌溉水利用系数分别为0.812、0.845、0.822、0.816和0.850，大体可分为3个层次，赤峰市和锡林浩特最高，乌兰察布市中等，通辽市和扎兰屯市最低。整体上看，内蒙古中东部地下水灌区地区灌溉水利用仍偏低，这一方面是由于各地区尚有一定比例的传统井灌灌溉面积，另一方面由于灌溉管理不够到位已建成的高效节水工程尚未充分发挥其应有的节水效果。因此，内蒙古中东部地下水灌区仍有可观节水潜力可挖，应进一步加大农田高效节水灌溉工程建设，与此同时应强化农户灌溉技术培训和指导，提高灌溉管理水平，切实发挥高效节水灌溉措施的作用。通辽市和扎兰屯市目前传统井灌灌溉面积还占有较大的比例，灌溉水利用效率整体较低，灌溉水利用系数有较大的提升空间，尤其应加大喷灌和膜下滴灌高效节水灌溉方式的推广力度。

8.1.3 节水效果分析

内蒙古中东部地下水灌区的通辽市、赤峰市、乌兰察布市、扎兰屯市和锡林浩特市的地区灌溉水利用系数从2005年的0.780、0.799、0.750、0.750和0.750分别提高到现状年的0.812、0.845、0.822、0.816和0.850，提高幅度为0.032～0.100，尤其锡林浩特市提高幅度高达0.100节水效果十分显著。总体上看，2005年以来农田节水改造工程的持续不断实施，对于提高内蒙古中东部地下水灌区灌溉水利用效率发挥了重要作用，有力促进了农业灌溉节水，为缓解水资源紧张显示做出了贡献，同时也在保证作物稳产高产，局部地区作物产量有不同程度的提高。

8.1.4 全区地下水灌区灌溉效率

2011—2015年，锡林郭勒盟和呼伦贝尔市地下水灌区灌溉水利用系数最高，为0.836～0.863；赤峰市、乌兰察布市、通辽市、乌海市和阿拉善盟处于中游水平，为0.763～0.838；鄂尔多斯市、呼和浩特市、兴安盟、包头市和巴彦淖尔市处于下游水平，为 0.764～0.798。全自治区区一半盟市的地下水灌区灌溉效率并没有产生实质性的提高，究其原因除了与节水灌溉面积的占比有关外，更重要的是有些地方节水灌溉的效率并未达到设计标准，节水效果并不显著。

2011—2015 年内蒙古各盟市地下水灌区灌溉效率均有不同程度的提升，年均提高率为 4.2%～11.6%。相比而言，提升幅度最低的是通辽市，为 4.2%，最高的是阿拉善盟，为 11.6%。其原因在于通辽市灌溉面积大，待改造的传统井灌面积尚有 470 万亩，而阿拉善盟灌溉面积本身就很少，且传统井灌面积占比小，仅为 10%。从全区来看，地下水灌溉效率由 2011 年的 0.778 提升至 2015 年的 0.824，年均增长率为 4.6%，整体而言，节水灌溉工程取得显著的效果。

8.2 存在的问题

内蒙古大部分地区气候干旱，水资源短缺，农牧业、工业、城镇生活、生态之间争水问题日渐凸显，资源性、区域性、工程性、结构性缺水矛盾交叉，水资源供需压力突出，特别是粮食主产区缺水更加严重。针对这一严峻形势，自治区人民政府做出了实施“四个千万亩”节水灌溉工程的重大决策，从农业用水占总用水量的 80%左右的农牧业灌溉入手，抓住农牧业节水这个关键环节，将节水灌溉作为经济资源性战略工程全面推进，为转变农业生产方式，建立节水型社会发挥了极大的作用。但也存在一些问题，亟待解决。

（1）建设农业节水项目的资金事出多门，难以发挥整体效益。如水利、国土整治、农业综合开发、现代农业、扶贫开发、林业等涉及节水农业的项目，没有按照统一的规划，统筹安排项目实施地点，各部门各自为战，建设标准不一，建设成果各异，一定程序影响了规模效益的发挥。在单位面积建设标准上，有的部门项目不要求地方配套和受益群众投劳，而大部分项目建设要求地方配套资金和群众投劳筹资，同时配套和投劳比例的标准也不同，给农民带来不必要的困惑，造成对农业节水灌溉建设项目投工和自筹资金投入的困扰，影响了群众参与建设的积极性，也加大了相关管理上的难度。

（2）节水灌溉形式多样，高效节水任重道远。各地人民政府和大多数农民对节水灌溉农业建设的积极性较高，但对节水灌溉的形式接受程度不一。《内蒙古自治区新增“四个千万亩”节水灌溉发展规划纲要》明确了农牧业节水灌溉要采用高效节水形式。一些地方政府和农民对低压管灌的接受程度远高于膜下滴灌和喷灌节水形式。低压管灌虽然是节水灌溉的一项措施，但要达到高效节水仍需进行二次节水改造。究其原因如下。一是膜下滴管是高效节水增收的方式，即农艺措施和水利工程措施相结合最优的模式，但滴灌带每年需要一定的资金投入，增加了农民生产成本。因而群众接受的积极性不高。二是内蒙古多种植高秆粮食作物，不适宜喷灌节水形式，更适宜膜下滴灌，实现高效节水高效产。随着节水灌溉农田建设面积逐年加大，当地政府补贴滴灌带的资金量越来越大，承受能力有限，需要有切实可行的办法解决这一问题，否则存在膜下滴灌建设成果难以为继的风险。三是膜下滴灌需要统一整地、统一种植、统一作物品种，统一灌溉周期，统一施肥、统一收割，必须联户经营或经土地流转大户经营才能达到规划效果。有个别农户不同意建设的，既加大了项目工作的难度，影响了节水灌溉建设的成果，也不利于农业规模化社会服务，阻碍农业生产方式的转变。

（3）农民节水意识薄弱，水商品制度亟待建立。农村传统的“大锅水”使用现状，使节约用水与农民利益没有直接挂起钩来，农民节水意识有待于增强。一是一些地方和农民接受高效节水灌溉的形式（喷灌、滴灌、微灌）远不如低压管灌的积极性高，大水漫灌等浪费水资源、乱打井的现象依然严重。二是平原区采用高效节水形式后，粮食作物增产不明显，生产成本还略有增加，农民不愿意接受。原因是农田灌溉用水农民历来都不花钱，农民没有形成水商品意识和水危机意识，节水与否和农民自己的切身利益无关。1993年7月，中央办公厅、国务院办公厅联合发文，要求对农业用水暂缓征收水资源费5年。现在，5年过去了，农业灌溉用水的水资源费仍然没有征收，农业灌溉用“大锅水”现象仍然十分普遍。由于水不收费，不用白不用，用多用少一个样。农民能够感受到的节水直接经济效益主要是节省电费，而不是省水。一些地方的地下水埋深较浅，省电的经济效益不明显，农民投入发展节水灌溉的积极性不高。

（4）土地集约化程度低，节水推广应用受到限制。当前联产承包责任制的生产方式，使推广喷灌等高效节水形式受到一定制约。对于喷灌等高效节水形式，属于大面积整合作业方式，适合在集约经营程度较高的大块耕地上使用。目前农村土地基本上是“一家一户一小条”，农民拥有相当大的自主权，种植结构很难统一，实行喷灌、统一浇水难度较大。在喷灌过程中，存在着统一播种、统一施肥等方面的困难，在浇水顺序、浇水多少等方面容易引发矛盾，乡村干部在管理、协调上也嫌麻烦。当地农民有的受传统灌溉方式的影响灌水时间过长，有的为图方便省事不按照设计给水栓间距取水灌溉而随意加大畦长，有的甚至在支管上游第一个给水栓取水采取“条田首尾直通式”灌溉方式，从而导致灌水定额过大，灌溉水有效利用系数偏低。

（5）基层水利服务体系不健全，水利工程缺乏后期维护。农民得不到水利设施操作技术指导，农田水利建设成果得不到及时的技术维护。节水灌溉工程建成后，使用权和管理责任交由农民、用水合作组织等，由于农民的文化程度和素质的限制，水利节水灌溉设施出了故障等不到有效修理维护，影响水利节水设施正常运行和正常发挥效益，给农民生产带来不便，建设成果难以巩固。

8.3 主要建议

（1）建议自治区人民政府出台相关文件。要求各部门涉农水灌溉项目要遵循《内蒙古自治区新增“四个千万亩”节水灌溉发展规划纲要》和旗县《农田水利发展规划》。坚持“因地制宜，分类指导，重点突破，注重实效”的原则，实行政府统筹、部门协作，通过规划整合、项目整合、资源整合、产业整合，把分散在水利、农业、林业、扶贫、国土、发展改革委、农业综合开发办等部门的各类项目资金，合理安排项目建设地点，统一建设标准、技术标准和管理办法，提高资金使用效率，发挥规模效益，保证粮食稳定增产和农民增收，彻底改变传统的农业生产模式。

（2）各地人民政府应发挥主要作用，选择科学合理的节水模式。节水灌溉是一项复杂的系统工程，要取得实效，既要全面规划，统筹兼顾，又要突出重点，分类指导。要本着

“宜喷灌则喷灌、宜滴灌则滴灌”的原则，把节水区域分为几个类型区，因地制宜，具体实施。平原区地下水资源丰富，应重点上喷灌圈。丘陵山区地下水资源不足，应重点上膜下滴灌。在干旱的地区有计划、有步骤地逐渐改造老灌区，进一步扩大节水灌溉面积和提高灌水保证率，显得尤为迫切。

(3) 必须建立起有利于节水灌溉发展的机制。建议政府尽快核定农业灌溉水水价，核定农业灌溉用水定额，实行定额管理、梯级征收农业灌溉水费，结余的水量允许进行水权转换，以增强农民的节水意识，形成自觉行动。要利用经济手段，通过提高水费、征收水资源费，打破“大锅水”，提高用水成本，增强农民节水的主动性。利用行政手段，制定用水定额，奖励节水，限制浪费，在地下水超采严重的地区，可以考虑采取类似于林业部门“封山”或渔业部门“休渔”的措施，限制开采地下水。利用财政手段，通过财政补贴、贴息贷款等方式，引导和鼓励农民发展节水灌溉工程，降低农民的节水成本。通过技术服务使农民能够掌握先进的节水技术和技能。

(4) 健全完善基层水利服务体系。要按照水利部、中央机构编制委员会办公室、财政部联合印发的《关于进一步健全完善基层水利服务体系的指导意见》中的精神，要合理确定基层水利服务机构人员编制，建立经费保障机制，改善基层水利服务机构工作条件，要求 2013 年完成基层水利服务体系建设任务。但目前自治区这项工作还没有全面开展。建议自治区党委、政府按照水利部《关于进一步健全完善基层水利服务体系的指导意见》的要求，尽快制定出台内蒙古基层水利服务体系实施意见，建立与经济社会发展要求相适应的水利支撑体系，以水资源的可持续发展支持经济社会的可持续发展。

(5) 对于膜下滴灌目前当地农民依赖政府部门提供滴灌带或补助资金自行购买滴灌带，而不愿自己负担滴灌带费用。这种状况如果未来发生改变，可能会影响滴灌的推广应用。另外，膜下滴灌产生的土壤塑料膜污染已在当地农民中产生了顾虑，对滴灌的推广应用有一定的抵触情绪。建议有关部门引起重视，尽早研究对策和解决方案。

(6) 灌区灌溉水利用效率是一个动态变化的指标，它与灌区建设投资、管理水平、节水技术应用、种植结构变化以及水文年型均有一定的关系。建议制定一套适宜于不同类型灌区的测试规程和分析方法，培训地方灌区技术人员，形成一个稳定的、专业的测试队伍，加强长期监测，列出专门经费，形成周期性测试分析。

参考文献

[1] Isrelsen O W. Irrigation principles and practices [M]. New York: Wiley, 1932.

[2] Bos M G, Nugteren J. Irrigation efficiency in small farm areas [J]. International Commission on Irrigation and Drainage, 1974.

[3] Marinus G B. Standards for irrigation efficiency of ICID [J]. Journal of the Irrigation&Drainage Division, ASCE, 1979, 105 (1): 37-43.

[4] Vairavamoorthy K, Gorantiwar S, Yan J, et al. Department for International Development (DFID) [J]. 2004.

[5] 贺鸣. 美国土木工程师协会（ASCE）标准 [J]. 工程建设标准化，2011 (5): 44-47.

[6] Jensen M E. Water conservation and irrigation systems [C]. Proceedings of the Climate-Technology Seminar. Colombia: [s. n.], 1977: 208-250.

[7] Willardson L S, Allen R G, Frederiksen H, et al. Universal fractions and the elimination of irrigation efficiencies [C]. Paper presented at the 13th Technical Conference of the US Committee on Irrigation and Drainage. Denver: Colorado, 1994: 15.

[8] Keller A A, Keller J. Effective efficiency: a water use efficiency concept for allocating freshwater resources [R]. Winrock International: Water Resource and Irrigation Division, VA, 1995: 19.

[9] Omezzine A, Zaibet L. Management of modern irrigation systems in oman: allocative vs. irrigation efficiency [J]. Agricultural Water Management, 1998, 37 (2): 99-107.

[10] Karagiannis G, Tzouvelekas V, Xepapadeas A. Measuring Irrigation Water Efficiency with a Stochastic Production Frontier [J]. Environmental & Resource Economics, 2003, 26 (1): 57-72.

[11] Salman A Z. Measuring the willingness of farmers to pay for groundwater in the highland areas of Jordan [J]. Agricultural Water Management, 2004, 68 (1): 61-76.

[12] Singh R, van Dam J C, Feddes R A. Water productivity analysis of irrigated crops in Sirsa district, India [J]. Agricultural Water Management, 2006, 82: 253-278.

[13] Lankford B A. Localising irrigation efficiency [J]. Irrigation and Drainage, 2006, 55: 345-362.

[14] Ramos J, Kay J, Cratchley C, et al. Crop management in a district within the Ebro River Basin using remote sensing techniques to estimate and map irrigation volumes [J]. WIT Transactions on Ecology and the Environment, 2006, 96: 365-377.

[15] Hussain I, Turral H, Molden D, et al. Measuring and enhancing the value of agricultural water in irrigated river basins [J]. Irrigation Science, 2007, 25 (3): 263-282.

[16] Perry C J. Efficient irrigation, inefficient communication, flawed recommendation [J]. Irrigation and Drainage, 2007, 56: 367-378.

[17] Speelman S, Dhaese M, Buysse J, et al. Technical efficiency of water use and its determinants, study at efficiencies in small-scale irrigation schemes in North-West Province, South Africa [C]. Proceedings of the Seminar of the Eaae: Pro-poor Development in Low Income Countries: Food, Agriculture, Trade & Environment. EAAE, 2007.

[18] Rodríguez-Díaz J A, Camacho-Poyato E, López-Luque R, et al. Benchmarking and multivariate data analysis techniques for improving the efficiency of irrigation districts: an application in Spain

[J]. Agricultural Systems，2008，96 (1/2/3)：250.

[19] Poussin J C，Imache A，Beji R，et al. Exploring regional irrigation water demand using typologies of farms and production units：An example from Tunisia [J]. Agricultural Water Management，2008，95 (8)：973 - 983.

[20] Zarandi M P，Heydari N，Rostampour S. An empirical method to measure the relative efficiency of irrigation methods in agricultural industry [J]. Management Science Letters，2012，2 (1)：279 - 284.

[21] Grashey - Jansen S，Kuba M，Cyffka B，et al. Spatio - temporal variability of soil water at three seasonal floodplain sites：Acase study in Tarim Basin，Northwest China [J]. Chinese Geographical Science，2014，24 (6)：647 - 657.

[22] Cengiz Koç. A study on planned and applied Irrigation modules in irrigation networks：A case study at Büyük Menderes Basin，Turkey [J]. Computational Water，Energy，and Environmental Engineering，2016，5，112 - 122.

[23] 郭元裕. 农田水利学 [M]. 3 版. 北京：中国水利水电出版社，1997.

[24] 吴玉芹，李远华，刘丽艳. 提高灌溉水利用率的途径研究 [J]. 中国水利，2001 (11)：71 - 72，5.

[25] 谢柳青，李桂元，余健来. 南方灌区灌溉水利用系数确定方法研究 [J]. 武汉大学学报（工学版），2001，34 (2)：17 - 19.

[26] 白美健，谢崇宝，许迪，等. 灌区配水渠道流量损失计算方法的探讨 [J]. 节水灌溉，2002 (4)：8 - 9.

[27] 蔡守华，张展羽，张德强. 修正灌溉水利用效率指标体系的研究 [J]. 水利学报，2004 (5)：111 - 115.

[28] 沈逸轩，黄永茂，沈小谊，等. 年灌溉水利用系数的研究 [J]. 中国农村水利水电，2005 (7)：7 - 8.

[29] 张亚平. 陕西省现状灌溉水利用率测算方法与问题讨论 [J]. 水资源与水工程学报，2007 (3)：60 - 62.

[30] 张芳，李永鑫，张玉顺，等. 河南省现状灌溉水利用率的测算研究 [J]. 人民黄河，2008 (1)：51 - 52，54.

[31] 王洪斌，闻绍珂，郭清. 灌溉水利用系数传统测定方法的修正 [J]. 东北水利水电，2008 (4)：59 - 61，72.

[32] 王小军，古璇清，邓岚，等. 广东省灌溉水利用率测算分析 [J]. 广东水利水电，2008 (8)：62 - 66.

[33] 熊佳，崔远来，谢先红. 灌溉水利用效率的空间分布特征及等值线图研究 [J]. 灌溉排水学报，2008，27 (6)：1 - 5.

[34] 崔远来，李远华，陆垂裕. 灌溉用水有效利用系数尺度效应分析 [J]. 中国水利，2009 (3)：18 - 21.

[35] 谭芳，崔远来，王建章. 基于主成分分析法的漳河灌区运行管理水平综合评价 [J]. 中国水利，2009 (13)：41 - 43.

[36] 李勇，杨宏志，李玉伟，等. 关于现状农业灌溉水利用率的思考 [J]. 内蒙古水利，2009 (2)：79 - 80.

[37] 谢先红，崔远来. 灌溉水利用效率随尺度变化规律分布式模拟 [J]. 水科学进展，2010，21 (5)：681 - 689.

[38] 申佩佩，杨路华，谢晓彤，等. 渠道水有效利用系数计算方法与误差分析 [J]. 节水灌溉，2013 (10)：67 - 70.

[39] 崔远来，龚孟梨，刘路广．基于回归水重复利用的灌溉水利用效率指标及节水潜力计算方法 [J]．华北水利水电大学学报（自然科学版），2014，35（2）：1-5.

[40] 王小军，张强，易小兵，等．灌区渠系特征与灌溉水利用系数的 Horton 分维 [J]．地理研究，2014，33（4）：789-800.

[41] 周剑，吴雪娇，李红星，等．改进 SEBS 模型评价黑河中游灌溉水资源利用效率 [J]．水利学报，2014，45（12）：1387-1398.

[42] 操信春，杨陈玉，何鑫，等．中国灌溉水资源利用效率的空间差异分析 [J]．中国农村水利水电，2016（8）：128-132.

[43] 李杰，王爱娜，范群芳，等．基于遥感蒸散发模型的区域灌溉水有效利用系数测算方法框架设计 [J]．人民珠江，2016，37（9）：70-79.

[44] 付强，刘巍，董淑华，等．黑龙江省灌溉水利用效率影响因素分析 [J]．应用基础与工程科学学报，2017，25（2）：286-295.

[45] 黄胜伟，李霁雯，贺新春．南方典型灌区灌溉水有效利用系数影响因素分析 [J]．人民珠江，2018，39（5）：41-44.

[46] 黄永江，屈忠义．不同空间尺度下灌区灌溉水利用效率研究——以察尔森灌区为例 [J]．节水灌溉，2017（1）：45-49.